早春简易塑料中棚
掀膜后的状态

使用中的菱镁塑料大棚

辣椒穴盘基质育苗

1

辣椒塑料营养钵育苗

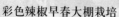

彩色辣椒早春大棚栽培

本书编著者黄启元在进行
早春大棚辣椒管理

2

进行早春大棚番茄栽培管理

早春大棚茄子栽培

黄瓜穴盘基质育苗

3

早春大棚水果黄瓜降蔓式栽培

水果黄瓜挂果状

早春大棚黄瓜吊栽

4

黄瓜大棚内设黄色板
和黑光灯诱杀蚜虫

瓠瓜穴盘基质育苗

早春大棚瓠瓜栽培

5

小西瓜网式栽培

早春大棚薄皮甜瓜栽培

早春大棚网纹甜瓜吊栽

6

早春大棚豇豆栽培

早春大棚毛豆
地膜覆盖栽培

叶菜穴盘基质育苗

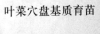

早春大棚蕹菜栽培

早春大棚萝卜栽培

早春大棚叶菜一年五收
轮作中的秋芹菜生长状

8

南方早春大棚蔬菜
高效栽培实用技术

黄启元　胡正月　编著

金盾出版社

内容提要

本书由江西省永丰县蔬菜管理局高级农艺师黄启元等编著。内容包括：南方地区早春塑料大棚蔬菜生产的意义及无公害生产的技术质量要求，塑料大棚建造及其调控技术，早春大棚蔬菜育苗技术，早春大棚辣椒、茄子、番茄、蕹菜、黄瓜、小西瓜、甜瓜、瓠瓜、西葫芦、苦瓜、冬瓜、萝卜、菜用大豆、菜豆、豇豆、扁豆及豌豆的优质高效种植技术，以及几种蔬菜轮作、套种高效栽培模式实例。内容立足生产实际，既具有科学性和先进性，又具有实用性和可操作性，文字通俗易懂。适合南方地区广大菜农、蔬菜专业户、基层蔬菜生产技术人员及农业院校有关专业师生阅读参考。

图书在版编目(CIP)数据

南方早春大棚蔬菜高效栽培实用技术/黄启元,胡正月编著. —北京:金盾出版社,2007.3
ISBN 978-7-5082-4459-4

Ⅰ. 南…　Ⅱ.①黄…②胡…　Ⅲ. 蔬菜－温室栽培
Ⅳ. S626.5

中国版本图书馆 CIP 数据核字(2007)第 004724 号

金盾出版社出版、总发行

北京太平路 5 号(地铁万寿路站往南)
邮政编码:100036　电话:68214039　83219215
传真:68276683　网址:www.jdcbs.cn
彩色印刷:北京精美彩印有限公司
黑白印刷:北京金盾印刷厂
装订:永胜装订厂
各地新华书店经销
开本:787×1092 1/32　印张:8　彩页:8　字数:173 千字
2009 年 3 月第 1 版第 2 次印刷
印数:11001—22000 册　定价:14.00 元
(凡购买金盾出版社的图书,如有缺页、
倒页、脱页者,本社发行部负责调换)

前　言

　　"民以食为天,食以安为先"。蔬菜是人类一种重要的副食品,随着社会的进步及人们生活水平的不断提高,人们对蔬菜质量的要求也愈来愈高,我国地域辽阔,由于气候及种植条件的原因,在蔬菜生产供应中出现春淡和秋淡两个淡季。虽然在"南菜北运"、"无公害食品行动计划"和各地兴起的蔬菜产业计划中,蔬菜生产的"大发展、大市场、大流通"格局已逐步形成,蔬菜供应淡季的矛盾得到了缓解,但区域的和局部的蔬菜淡季供应矛盾仍很明显。因此,发展早春塑料大棚蔬菜生产,对弥补淡季市场供应,具有重要的意义。为了帮助南方地区菜农种好早春大棚蔬菜,我们编著了《南方早春大棚蔬菜高效栽培实用技术》一书。希望它的问世,能为解决南方地区早春蔬菜淡季的供应问题,发挥积极的作用。

　　在长江流域及其以南地区,利用塑料大棚开展早春蔬菜生产,不仅仅是解决"菜篮子"的问题,而且已经成为农业产业结构调整,提高生产效益,改善农民生活条件,促进生产发展,推动社会主义新农村建设的重要内容。随着城市的发展和人口的骤增,蔬菜生产出现由城郊向农区,由平原向山区发展的趋势,这就给广大农区蔬菜产业的发展提供了大舞台。同时,对有些地区的农民来说,有一个从原来的粮棉油等的种植,向蔬菜生产转型的过程。因此,促进蔬菜种植实用技术的普及与提高,进而促进蔬菜生产的增效,显得十分迫切与必要。

　　江西永丰县是全国首批创建"全国无公害蔬菜生产示范基地县",有蔬菜大县和"辣椒之乡"的美称。其蔬菜生产已经成为发展县域经济,优化产业结构,实现农民增收,推动新农村建设的支柱产业。从种植传统看,永丰属典型的江南稻作区，但在不算太长的 20 年里，能打破传统，瞄准蔬菜产业，将其做大做强，使蔬菜产业能稳坐全县种植业中的第一把交椅。个中缘由，寻根探底，不外乎以下几个方面：一是依托优良的生态环境，实行蔬菜无公害化生产。境内属亚热带季风湿润性气候，山青水秀，森林覆盖率高达 70.6%，其蔬菜的产地环境质量达到一级清洁水平。这里自然条件优越，是南北方蔬菜种植的过渡带，发展蔬菜生产，具有得天独厚的条件。二是农民无公害蔬菜生产意识日趋增强，氛围浓厚。大家把发展蔬菜产业作为既定目标不放手，始终如一，不断推进产业发展；并制定了无公害蔬菜管理办法和一系列的蔬菜技术标准，来规范无公害蔬菜生产过程，促进蔬菜产业的健康发展。三是推广多种农业生态模式，促进蔬菜产业的良性循环发展。如"蔬菜—水稻"的水旱轮作模式、辣椒与果蔗套种模式、"（养）猪—沼（气）—（种）菜"模式、"草—牛—菇—菜"模式、不同种类蔬菜间的轮作模式等。四是依靠科技进步，挑战栽培效益"极限"，不断谋求种植效益的最大化。如推广保护地设施栽培；推广蔬菜新品种、新技术和新成果等蔬菜"三新"技术；不断研究、完善和普及推广具有地域特色的蔬菜高效栽培实用技术；等等。本书就是在这种大背景下产生的，是全县蔬菜生产成功实践的结晶。现在将它出版发行，旨在抛砖引玉。如果能对蔬菜生产者、经营者和管理者，具有丝毫的借鉴意义，将会使我们感到十分的欣慰。

由于我们水平有限，书中一定有许多错误和不足之处，敬请广大读者批评指正。

编 著 者
2007 年元月

目　录

第一章　早春大棚蔬菜生产概述…………………（1）

第一节　早春大棚蔬菜生产的意义…………………（1）

一、有利于填补"春淡"时期的蔬菜供应　…………（1）

二、有利于冬春季农业资源的充分利用　…………（2）

三、有利于土壤的改良与熟化　………………………（2）

四、有利于南方农村经济的发展　…………………（3）

第二节　早春蔬菜栽培的主要特点…………………（3）

一、依据市场需求选择品种好适销　………………（3）

二、依据品种特性适期播种生长好　………………（4）

三、依据早春大棚小气候特点精细管理效益高　……（5）

第三节　无公害蔬菜产地环境质量要求……………（6）

一、无公害蔬菜产地空气质量　……………………（6）

二、无公害蔬菜产地灌溉水质量　…………………（6）

三、无公害蔬菜产地土壤环境质量标准　…………（7）

四、无公害蔬菜基地选择的原则和要求　…………（8）

第四节　无公害蔬菜的质量标准……………………（9）

一、无公害蔬菜的感观要求　………………………（9）

二、无公害蔬菜的卫生要求…………………………（12）

第二章　塑料大棚的建造及其调控技术……………（15）

第一节　塑料大棚的建造　…………………………（15）

一、塑料大棚的作用及栽培效果……………………（15）

二、塑料大棚的种类…………………………………（17）

三、塑料大棚的设计…………………………………（18）

四、塑料大棚的建造 …………………………… (19)

五、塑料大棚覆盖材料的种类及特性 ………… (27)

第二节　早春大棚小气候特点及其调控技术 ……… (30)

一、温度特点及其调控 ………………………… (30)

二、湿度特点及其调控 ………………………… (32)

三、光照特点及其调控 ………………………… (33)

四、气体特点及其调控 ………………………… (34)

五、土壤营养特点及其调控 …………………… (36)

第三章　早春大棚蔬菜育苗技术 ………………… (41)

第一节　大棚育苗床的准备 …………………… (41)

一、塑料大棚冷床 ……………………………… (41)

二、塑料大棚酿热物温床 ……………………… (42)

三、塑料大棚电热温床 ………………………… (44)

四、营养钵育苗床 ……………………………… (46)

五、穴盘基质育苗床 …………………………… (48)

六、营养块育苗床 ……………………………… (49)

第二节　种子的处理与播种 …………………… (50)

一、播种期的确定 ……………………………… (50)

二、晒种 ………………………………………… (51)

三、浸种 ………………………………………… (52)

四、消毒 ………………………………………… (52)

五、催芽 ………………………………………… (53)

六、播种 ………………………………………… (55)

第三节　苗床的管理 …………………………… (57)

一、出苗期的管理 ……………………………… (57)

二、间苗与分苗 ………………………………… (58)

三、分苗床的管理 ……………………………… (58)

第四章　茄果类蔬菜栽培 ………………………… (61)

第一节　辣椒栽培 ……………………………… (61)

一、概述 …………………………………………… (61)

二、栽培技术 ……………………………………… (64)

三、主要病虫害防治……………………………… (73)

第二节　茄子栽培 ………………………………… (78)

一、概述 …………………………………………… (78)

二、栽培技术 ……………………………………… (81)

三、病虫害防治…………………………………… (87)

第三节　番茄栽培 ………………………………… (89)

一、概述 …………………………………………… (89)

二、栽培技术 ……………………………………… (92)

三、病虫害防治…………………………………… (99)

第五章　瓜类蔬菜栽培……………………………… (101)

第一节　黄瓜栽培………………………………… (101)

一、概述 …………………………………………… (101)

二、栽培技术 ……………………………………… (103)

三、病虫害防治…………………………………… (112)

第二节　小西瓜栽培……………………………… (119)

一、概述 …………………………………………… (119)

二、栽培技术 ……………………………………… (121)

三、病虫害防治…………………………………… (128)

第三节　甜瓜栽培………………………………… (128)

一、概述 …………………………………………… (128)

二、栽培技术 ……………………………………… (131)

三、病虫害防治…………………………………… (137)

第四节　瓠瓜栽培………………………………… (137)

一、概述 …………………………………………… (137)

二、栽培技术 ……………………………………… (139)

三、病虫害防治…………………………………… (142)

第五节　西葫芦栽培……………………………… (142)

一、概述 ………………………………… (142)

二、栽培技术 …………………………… (145)

三、病虫害防治 ………………………… (148)

第六节 苦瓜栽培 …………………………… (149)

一、概述 ………………………………… (149)

二、栽培技术 …………………………… (151)

三、病虫害防治 ………………………… (155)

第七节 冬瓜栽培 …………………………… (155)

一、概述 ………………………………… (155)

二、栽培技术 …………………………… (158)

三、病虫害防治 ………………………… (162)

第六章 豆类蔬菜栽培 ……………………… (163)

第一节 菜用大豆栽培 ……………………… (163)

一、概述 ………………………………… (163)

二、栽培技术 …………………………… (165)

三、病虫害防治 ………………………… (169)

第二节 菜豆栽培 …………………………… (174)

一、概述 ………………………………… (174)

二、栽培技术 …………………………… (176)

三、病虫害防治 ………………………… (181)

四、菜豆落花落荚及防治措施 ………… (182)

第三节 豇豆栽培 …………………………… (183)

一、概述 ………………………………… (183)

二、栽培技术 …………………………… (186)

三、病虫害防治 ………………………… (189)

第四节 扁豆栽培 …………………………… (191)

一、概述 ………………………………… (191)

二、栽培技术 …………………………… (193)

三、病虫害防治 ………………………… (197)

第五节　豌豆栽培……………………………………（197）

　一、概述…………………………………………（197）

　二、栽培技术……………………………………（199）

　三、病虫害防治…………………………………（203）

第七章　蕹菜栽培……………………………………（205）

第一节　概述…………………………………………（205）

　一、形态特征……………………………………（205）

　二、对环境条件的要求…………………………（206）

第二节　栽培技术……………………………………（206）

　一、品种选择……………………………………（206）

　二、播种…………………………………………（208）

　三、田间管理……………………………………（209）

　四、育苗移栽……………………………………（210）

　五、采收及管理…………………………………（210）

　六、种子繁育……………………………………（211）

第三节　病虫害防治…………………………………（212）

　一、蕹菜白锈病…………………………………（212）

　二、蕹菜猝倒病…………………………………（212）

　三、小菜蛾………………………………………（213）

　四、其它害虫……………………………………（213）

第八章　萝卜栽培……………………………………（214）

第一节　概述…………………………………………（214）

　一、形态特征……………………………………（214）

　二、萝卜的生长发育周期………………………（215）

　三、对环境条件的要求…………………………（216）

第二节　栽培技术……………………………………（217）

　一、品种选择……………………………………（217）

　二、大棚整地……………………………………（218）

　三、播种…………………………………………（219）

　　四、田间管理 ……………………………………（219）

　　五、采收 ………………………………………（221）

　　六、病虫害防治 …………………………………（221）

　　七、栽培中的常见问题及解决途径 ……………（222）

第九章　几种蔬菜轮作、套种高效栽培茬口模式实例

　　………………………………………………………（224）

　第一节　早春大棚辣椒套种果蔗双高栽培模式……（224）

　　一、大棚辣椒育苗 ………………………………（225）

　　二、大田整地、直播果蔗与定植辣椒……………（225）

　　三、共生期管理策略 ……………………………（226）

　　四、果蔗的中后期管理 …………………………（229）

　第二节　"辣椒—晚稻—绿肥"轮作栽培模式……（230）

　　一、模式的栽培效果 ……………………………（230）

　　二、模式的栽培技术要点 ………………………（231）

　第三节　"早春蔬菜—二晚育秧—秋延后蔬菜"栽培

　　　　　模式 …………………………………………（232）

　　一、轮作时间安排 ………………………………（232）

　　二、轮作的主要方式 ……………………………（232）

　　三、轮作的技术要点 ……………………………（233）

　第四节　早藠菜等叶菜一年五收高效栽培模式……（234）

　　一、早春藠菜 ……………………………………（235）

　　二、夏季小白菜 …………………………………（235）

　　三、秋冬芹菜 ……………………………………（235）

　第五节　"早春辣椒—夏西瓜—秋豌豆"高效栽培

　　　　　模式 …………………………………………（237）

　　一、茬口安排 ……………………………………（237）

　　二、栽培要点 ……………………………………（237）

第一章　早春大棚蔬菜生产概述

早春塑料大棚蔬菜栽培,是指在冬、春季节,利用地膜,塑料大、中、小棚等保护设施,使蔬菜提前播种,提早定植、提早成熟、进而提早采收上市的蔬菜栽培技术。

第一节　早春大棚蔬菜生产的意义

蔬菜,是人们生活的必需品,天天需要。据统计,2005 年我国设施园艺总面积占世界的 80%,其中设施蔬菜面积约为 200 万公顷。设施蔬菜人均占有量逾 80 千克,比 1980 年增长近 400 倍。设施蔬菜人均食用量约为 57 千克,约占人均蔬菜消费总量的 28%。随着社会的进步,人们对蔬菜提出了更高的要求。安全卫生,营养丰富,供应充足,四季常鲜,是蔬菜消费的总趋势。发展早春塑料大棚蔬菜生产,可以较好地解决蔬菜供应中的"春淡"问题。它不仅可以满足人们对蔬菜的需求,而且能使蔬菜种植者获得良好的经济效益,使早春塑料大棚蔬菜生产成为农民增收致富的重要途径。因此,早春大棚蔬菜生产具有极其重要的意义。

一、有利于填补"春淡"蔬菜的供应

早春塑料大棚蔬菜实行保护设施栽培,在长江流域地区可使蔬菜的上市期提早到 4 月底至 5 月初,比同纬度(或相近

纬度)地区常规露地栽培蔬菜提早上市 50～60 天。而此时"两广"及海南的冬季蔬菜,已经陆续下市。因此,早春大棚蔬菜以市场独占期 50 天以上的优势抢占市场,弥补"春淡"时期的蔬菜供应,销路好。同时,还可以打产品销售的空间差,扩大销售半径,极大地满足人们对时鲜蔬菜的需要,提高人们的生活质量,具有极佳的社会效益。

二、有利于冬春季农业资源的充分利用

我国农业生产水平相对比较落后,农业综合资源利用率较低。在长江流域及其以南稻区,广袤的田野上时常可见广阔的秋闲田和冬闲田,尤以冬闲田为甚。进行早春大棚蔬菜生产,可以提高冬、春农业资源的利用率。一是使良好的气候资源得到利用。按气象学的划分,日平均气温低于 10℃ 为冬天。例如在江西中部地区,冬天的时间为 12 月份至翌年 2 月份,共 3 个月。这 3 个月的光照时数,约占全年光照时数总量的 16%,太阳辐射约占全年太阳辐射总量的 5.5%,均没有得到充分利用。通过种植早春大棚蔬菜,使其间的光照、温度和降水等资源,都可得到利用。二是使土地由闲置状态转入耕作期,提高了复种指数,有利于农业耕作整体水平的提高。三是使农村劳力资源得到充分利用。蔬菜生产是劳动密集型产业,需要精耕细作。种植早春大棚蔬菜汇集了大量的闲置劳力,有利于促进蔬菜产业的发展、农村社会的稳定与和谐新农村的建设。

三、有利于土壤的改良与熟化

在长江流域及南方稻区,最主要的耕作模式就是双季稻

模式。这种长期单一的耕种模式,对土壤改良不利。采用简易的塑料大(中)棚进行早春大棚蔬菜生产,棚架易建易迁,蔬菜能与水稻进行轮作,克服了作物连作带来的弊端,有利于土壤改良。由于作物间的轮作,因而使养分互补,优势明显,相得益彰。如江西省永丰县早春大棚辣椒(蔬菜),与晚稻实行轮作后,其晚稻的平均产量达到 560 千克/667 平方米,比双季稻模式的晚稻 405.4 千克/667 平方米,增产 156.6 千克/667 平方米,单产增长 38.1%。在农区实行水旱轮作,粮菜并举,蔬菜种植面积能得以迅猛发展,摆脱城市郊区蔬菜基地长期连作、病虫害加剧、耕地面积拓展困难、种植成本逐年递增的困境。

四、有利于南方农村经济的发展

早春大棚蔬菜产品市场独占期长达 50 天以上,品种对路,市场行情较好,效益高。如江西省永丰县种植早春大棚辣椒,全县种植规模达 0.6667 万公顷,一般每 667 平方米产商品青椒 2 500～3 000 千克,单季产值在 3 000 元以上。如果采收红椒上市,其产值可达 4 500 元以上。又如早春大棚雍菜每 667 平方米产量为 4 000～4 500 千克,产值达到 8 000元以上,效益非常可观。通过种植大棚蔬菜,农民走上了发家致富之路。

第二节　早春蔬菜栽培的主要特点

一、依据市场需求选择品种好适销

进行早春大棚商品蔬菜生产,要依据市场需求来决定种植品种,同时,还应具有一定的前瞻性。即种植者要根据消费习惯与消费趋势,来安排种植品种,从而最大限度地满足消费需求,谋求最大的种植效益。

早春大棚商品蔬菜生产,主要是满足蔬菜春淡市场需求,因此在品种安排布局上应从两个方面来考虑:一是供应就近市场,即所在区域小市场或有"近城优势"的大市场。应依据市场周围群众的消费习惯和市场容量,来决定种植品种和规模。二是打市场供应的空间差,即产品外销,满足周边或更远处外地市场的需要。

由于我国地域辽阔,生活习惯和传统文化存在差异,在蔬菜消费习惯上各地有不同的特点。因此,要做好外销的市场调查,把握群众的消费习惯及市场容量,对提高种植效益起着至关重要的作用。规模生产,批量上市,形成规模化效益,也是占领外销市场的制胜法宝。

市场的销售趋势与市场容量,是一个动态的和发展的过程。因此,要不断地进行市场调查,分析消费趋势,把准市场信息,才能获得充分的种植效益。如果市场信息把握不准,就难以获得充分的种植效益。所以,农民兄弟有时也抱怨"种什么,什么不好卖"、"增产不增收"。可见,把握市场既是难点,也是种菜效益增长的要害点。因此,只有不断地分析人们的消费心理,用自己的产品去满足人们的消费嗜好,才能获得最大的种植效益。

二、依据品种特性适期播种生长好

早春塑料大棚蔬菜生产,从 10 月中旬开始到翌年的 6～7 月份,其间还要经过元月份的严寒天气,生长时间长,管理难度大,因此,必须把握各类蔬菜品种对光温条件的要求,合理安排播期。原则上是:生长时间长,比较耐寒的品种,如茄果类蔬菜,应在冬季播种。如在江西中部地区,辣椒一般可安排在 10 月中旬到 11 月上旬播种,番茄和茄子在 10 月下旬到 11 月下旬播种,其定植期应安排在 2 月中下旬到 3 月上旬。如果播种过早,则容易形成徒长苗,不利于形成早期产量和夺取高产;播种过迟,温度渐低,幼苗生长缓慢,难以形成壮苗。生长时间相对较短,喜温暖环境的品种,如瓜类蔬菜和蕹菜等可在 2 月份进行播种,早萝卜可在元月中旬到 2 月中旬播种,豆类可在 2 月上旬至 3 月上旬播种。因此,应尽量避开严寒天气,营造适宜的生长环境,促进早春蔬菜生长,以求得最佳的效益。

三、依据早春大棚小气候特点精细管理效益高

早春大棚蔬菜生产,正处在冬、春季节,低温、弱光、阴雨是其主要的气候特征。加上元月份为一年中最冷的月份,对蔬菜生长极为不利。因此,大棚管理的主要任务是增温保温、换气排湿和增加光照等。在严寒季节,要采取双层薄膜覆盖加草帘的保温措施,坚持搞好通风换气,增加光照量等,为幼苗生长提供一个良好的环境,以培育壮苗(详细的大棚调控措施见第二章)。早春大棚育苗期间,温度偏低,生产中常常出现闭棚时间过长、通风量小、植株生长势下降、易发病等问题。特别是防寒保苗工作尤为重要,稍有疏忽就会造成冻害,甚至使苗子冻死。这不只是关系到育苗的质量,而且事关育苗的成败。因此,必需引起高度重视,精细管理好菜苗。

第三节　无公害蔬菜产地环境质量要求

实行无公害化生产是对蔬菜生产的基本要求,要严格执行无公害蔬菜生产的技术标准。因此,必须根据无公害蔬菜产地环境质量标准,来选择蔬菜基地。无公害蔬菜产地的环境条件,应符合农业部颁发的《NY5010—2001无公害食品蔬菜产地环境条件》。

一、无公害蔬菜产地空气质量

无公害蔬菜产地的空气质量,应符合表 1-1 的规定。

表 1-1　无公害蔬菜产地环境空气质量标准

项　目	浓度限值			
	日平均		1h 平均	
总悬浮颗粒物(标准状态)/(mg/m³)≤	0.30		—	
二氧化硫(标准状态)/(mg/m³)≤	0.15ᵃ	0.25	0.5ᵃ	0.7
氟化物(标准状态)/(μg/m³)≤	0.15ᵇ	7	—	
注:日平均值指任何 1 日的平均浓度;1h 平均指任何一小时的平均值				
a. 菠菜、青菜、白菜、黄瓜、莴苣、南瓜、西葫芦的产地应满足此要求 b. 甘蓝、菜豆的产地应满足此要求				

二、无公害蔬菜产地灌溉水质量

无公害蔬菜产地的灌溉水质量,应符合表 1-2 的规定。

表 1-2 无公害蔬菜产地灌溉水质量标准

项　目		浓 度 限 值	
pH 值		5.5～8.5	
化学需氧量(mg/L)	≤	40[a]	150
总汞(mg/L)	≤	0.001	
总镉(mg/L)	≤	0.005[b]	0.01
总砷(mg/L)	≤	0.05	
总铅(mg/L)	≤	0.05[c]	0.10
铬(六价)(mg/L)	≤	0.10	
氰化物(mg/L)	≤	0.50	
石油类(mg/L)	≤	1.0	
粪大肠菌群(个/L)	≤	40000[d]	

a. 采用喷灌方式灌溉的菜地应满足此要求

b. 白菜、莴苣、茄子、蕹菜、芥菜、苋菜、芜菁和菠菜的产地应满足此要求

c. 萝卜和水芹的产地应满足此要求

d. 采用喷灌方式灌溉的菜地,以及浇灌、沟灌方式灌溉的叶菜类菜地时,应满足此要求

三、无公害蔬菜产地土壤环境质量标准

无公害蔬菜产地土壤环境质量,应符合表 1-3 的规定。

表 1-3 无公害蔬菜产地土壤环境质量标准　（单位：mg/kg）

项　目		含 量 限 值					
		pH<6.5		pH6.5～7.5		pH>7.5	
镉	≤	0.30		0.30		0.40[a]	0.60
汞	≤	0.25[b]	0.30	0.30[b]	0.50	0.35[b]	1.0
砷	≤	30[c]	40	25[c]	30	20[c]	25

项 目	含 量 限 值					
	pH<6.5		pH6.5~7.5		pH>7.5	
铅 ≤	50[d]	250	50[d]	300	50[d]	350
铬 ≤	150		200		250	

注:本表所列含量限值适合于阳离子交换量>5cmol/kg 的土壤,若≤5cmol/kg,
其标准值为表内数值的1/2

a. 白菜、莴苣、茄子、蕹菜、芥菜、苋菜、芜菁和菠菜的产地应满足此要求

b. 菠菜、韭菜、胡萝卜、白菜、菜豆和青椒的产地应满足此要求

c. 菠菜和萝卜的产地应满足此要求

d. 萝卜和水芹的产地应满足此要求

四、无公害蔬菜基地选择的原则和要求

无公害蔬菜基地的选择,是防止环境中有害物质污染蔬菜的首要和关键措施。因此,正确选择好蔬菜基地至关重要。首先要选择远离大量废气、废水和废渣等"三废"排放点,以及城市生活污水、污物排放点。具有较好的给排水条件和清洁的浇灌水源等。一般而言,远离城市河流的上游,农业生态条件好,远离工矿企业的地区,适宜作无公害蔬菜的种植基地。

为满足对菜地大气的要求,一般应选择远离城镇及污染源的地区。菜地应在上风向,基地风速不宜太大,空气尘埃、粉尘较少,空气清新。为符合浇灌水的要求,基地内的浇灌用水质量要稳定,要用清洁的水库水或深井地下水浇灌。基地河流上游水源的各个支流处,无污染源的影响。要避免用污水和污染的塘水等地表水浇灌菜地。无公害蔬菜基地的土壤,应当肥沃疏松,有机质含量高,酸碱度适中,土层深厚,土壤耕作层内无重金属和农药残留物等。

在实际生产中,可以选择周边 2 000 米以内无污染源、距

离主干公路 100 米以上,土壤肥沃、耕层深厚、交通便利、渠系配套好、排灌方便的地块,作为无公害蔬菜的生产基地。选好蔬菜基地后,要按照无公害蔬菜生产技术要求组织生产,实行土地的用养结合,以保持土壤肥力及耕地的永续利用。

第四节　无公害蔬菜的质量标准

近些年来,我国蔬菜产业得到迅猛发展,蔬菜已成为种植业中仅次于粮食的第二大产业,我国已经成为世界第一大蔬菜生产和消费大国。据统计,2004 年全国蔬菜播种面积达到17 560.60 千公顷,约占世界蔬菜播种面积的 38%;总产量约为 5.5 亿吨,约占世界总产量的 40%。2002 年,我国人均蔬菜占有量约为 283.5 千克,而世界人均占有量为 124.4 千克,我国的人均蔬菜占有量远高于世界人均水平。我国蔬菜产业的发展,主要表现为量的扩张,也就是主要靠扩大面积,增加总产,来满足日益增长的社会需求。随着社会的进步,人们对蔬菜的质量要求也越来越高。今后蔬菜的竞争,归根结底将是蔬菜质量的竞争。因此,蔬菜质量越来越受到生产者、经营者的重视。现在,各类蔬菜都有具体的无公害质量标准,以便对蔬菜质量进行规范。现将各类无公害蔬菜的相关质量要求粗略概括如下,以利于生产实际中掌握应用。详细的各类蔬菜质量标准,可以参见农业部颁发的无公害蔬菜农业行业标准。

一、无公害蔬菜的感观要求

(一) 茄果类

同一品种的果实,具有本品种固有的形状、色泽、风味和大小等典型性状。

1. 茄 子 果实已充分发育,种子未完全形成。果实鲜嫩有光泽,硬实,不萎蔫,果面不附有污物或其它外来物。无腐烂、异味和灼伤,无冻害,无病虫害及机械损伤。规格整齐度应≥90%。样品感观不合格率≤5%。

2. 青辣椒 果实已充分发育,种子已形成,果实新鲜,有光泽,硬实,不萎蔫。无腐烂、异味、灼伤和冻害等,无病害,无机械损伤。规格整齐度应≥90%,样品感观不合格率≤5%。

3. 西红柿 果实已充分发育,种子已形成。果实新鲜有光泽,硬实,不萎蔫。无腐烂、异味、灼伤和冻害等,无裂果,无病虫害,无机械损伤。规格整齐度应≥90%,样品感观不合格率≤5%。

(二) 瓜 果 类

同一品种或相似品种,果实长短和粗细基本均匀,无明显缺陷,包括无机械伤、腐烂、异味、冻害和病虫害。

1. 黄 瓜 鲜嫩,瓜皮绿色或淡黄色,瓜条匀称,无弯钩,无病虫害和机械损伤。样品感观不合格率(按条数计算)≤5%。

2. 苦 瓜 鲜嫩,成熟度适中,且基本一致。果实瘤状突起饱满,果面有光泽,瓜体硬实,瓜条匀称,无病虫和机械损伤。样品感观不合格率(按条数计算)≤5%。

3. 小西瓜和甜瓜 果实发育正常,果形端正,新鲜洁净。具有本品种固有的形状、色泽、条纹及其风味。无病虫害及机械损伤,无异味,无腐烂。样品感观不合格率(按果重计算)≤5%。

4. 冬 瓜 果实发育正常,成熟度基本一致,表皮茸毛稀少,果形端正,具有本品种固有的形状、色泽及风味,果体硬实,样品感观不合格率(按果重计算)≤5％。

5. 丝　瓜　鲜嫩色青,瓜条直,无病虫害和机械损伤。样品感观不合格率(按条数计算)≤5％。

(三) 叶 菜 类

同一品种或相似品种,其植株特征性状、色泽及生长状态相同,大小基本均匀,整齐一致,无黄叶,无明显缺陷,包括无烧心、抽薹、腐烂、病虫害和机械损伤。

1. 白菜类　主要包括大白菜、小白菜、菜芯、菜薹和乌塌菜等。叶片色泽明亮,水分适宜,没有萎蔫。菜体表面没有泥土、灰尘及其它污染物。无异味,无冻害,无机械损伤,根削平,规格整齐度应≥90％,样品感观要求不合格率(按质量计)≤5％。

2. 雍　菜　鲜嫩,粗细长短基本一致。无黄叶、老叶和老茎,无抽薹,无根须,菜体表面无泥土及其它附着物。无病虫害和机械损伤,规格整齐度要达到 90％以上。样品感观不合格率(按雍菜根数计)≤5％。

3. 甘　蓝　同一品种叶球的紧实度,达到该品种适期收获时的紧实程度。叶球的帮、叶和球有光泽,脆嫩,叶球外部无泥土或其它外来物的污染和病虫害。无裂球,修整良好,机械损伤＜2％,无腐烂、异味和冻害,无病虫害。规格(为球数)整齐度≥80％,样品感观不合格率(按质量计)≤10％。

4. 莴　苣　鲜嫩,菜身干,粗壮,成熟基本一致。无老根和空梗,皮肉不开裂,不结籽,留叶不超过 1/2。

5. 芹　菜　同一品种或相似品种,各株长短和粗细基本均匀,色泽基本一致,不带根系,无明显缺陷,包括无机械损伤、腐烂、异味、冻害和病虫害等。受检样品的感观不合格率（按棵数或根数计算）≤5%。

6. 菠菜 同一品种或相似品种，每棵菜大小基本整齐一致，无黄叶，无根系，无明显缺陷，包括无机械损伤、腐烂、异味和病虫害等。受检样品的感观不合格率≤5%。

（四）豆 类

1. 豇豆与菜豆 同一品种或相似品种，豆荚长短和粗细基本一致，新鲜且无明显缺陷，包括无机械伤、霉烂、异味、冻害和病虫害，无老荚，无杂质及其它附着污物，不着水。每批受检样品的感观不合格率（按有缺陷的根数计算）≤5%。

2. 毛豆（菜用大豆）与豌豆 同一品种或相似品种，豆荚长短、粗细和籽粒大小基本一致，新鲜且无明显缺陷，包括无机械伤、霉烂、异味和冻害。新鲜不干瘪，豆荚饱满，无黄荚，无杂质，不着水，受检样品的感观不合格率≤5%。

（五）根 菜 类

1. 萝卜 同一品种或相似品种，外形整齐，大小基本均匀，色泽一致，表皮光滑洁净，无明显缺陷，包括糠心、开裂、机械伤、腐烂、异味、冻害和病虫害等，无分杈，无根须。每批受检样品的感观不合格率（按有缺陷的根数计算）≤5%。

2. 胡萝卜 同一品种或相似品种，大小一致，成熟适度，根形正常，清洁，无明显缺陷，包括无异味、腐烂、病虫害和机械伤。不开裂，不分杈，无根须。每批受检样品的感观不合格率（按有缺陷的根数计算）≤5%。

二、无公害蔬菜的卫生要求

无公害蔬菜产品的农药残留量，及重金属含量等卫生指标,必须符合表 1-4 的规定。

表 1-4　我国无公害蔬菜的卫生指标

项　目	最高残留限量(mg/kg)≤
汞	0.01
氟	1.0
砷	0.5
铅	0.2
镉	0.05
铜	10
锌	20
六六六	0.2
滴滴涕	0.1
杀螟硫磷	0.5
倍硫磷	0.05
敌敌畏	0.2
乐　果	1.0
乙酰甲胺磷	0.2
毒死蜱	1.0
多菌灵	0.5
百菌清	1.0
溴氰菊酯	0.2(果菜类);0.5(叶菜类)
亚胺硫磷	0.5
辛硫磷	0.05
抗蚜威	1.0
喹硫磷	0.2
三唑酮	0.2

项　目	最高残留限量(mg/kg)≤
敌百虫	0.1
灭幼脲	3.0
粉锈宁	0.2
克螨特	2(叶菜类)
噻嗪酮	0.3
硝酸盐(以 NaNO₃ 计)	≤600(瓜果类),≤1200(叶菜、根茎类)
亚硝酸盐＊(NaNO₂ 计)	≤4
甲胺磷＊	不得检出
呋喃丹＊	不得检出
氧化乐果＊	不得检出
氯硝基苯＊	0.2
氰戊菊酯＊	0.05(块根类菜);0.2(果菜类);0.5(叶菜类)
马拉硫磷＊	不得检出
对硫磷＊	不得检出
甲基对硫磷	不得检出
久效磷	不得检出
水胺硫磷	不得检出

注:1. 打＊号为必测项目。2. 其它测定项目可根据田间农药而定

第二章　塑料大棚的建造
及其调控技术

第一节　塑料大棚的建造

一、塑料大棚的作用及栽培效果

(一)塑料大棚的作用

20世纪50年代中期,我国塑料薄膜开始在蔬菜上试用。60年代末至70年代初,中、小型塑料棚开始大面积的应用推广。随着我国塑料工业和化学工业的发展,特别是塑料薄膜在蔬菜栽培上的广泛应用,使蔬菜保护地设施栽培的构成和生产水平发生了很大的变化。尤其是近10多年来蔬菜生产发展更为迅猛。据农业部统计,2000年全国塑料大、小棚(不含塑料温室)种植面积达到138.3万公顷,从1990～2000年的10年间增加12倍,塑料大棚对蔬菜产量和质量的提高,起了重要的作用。塑料大棚的作用主要表现在以下几个方面:

1. 提高棚内温度　大棚内再覆盖一层地膜,可同时起到提高地温和气温的作用。土壤水分的蒸发是地温散失的主要原因,由于薄膜的透光性好,能有效地使太阳光转变成热能。薄膜透气性差,经传导作用能使地温升高;覆盖薄膜后,同时减少了水分的蒸发,因而起到保温增温的作用。据作者测定,在江西省中部地区(永丰县)元月份采用大棚套小拱棚双层覆盖,小棚内气温比大棚内气温高4℃～5℃,而大棚内气温又比棚外高3℃～3.5℃。换言之,双层塑料薄膜覆盖后的小棚内,气温比棚外高 7℃～8℃。因此,能为蔬菜生长创造一个良好的温度环境。

2. 保持土壤水分 由于地温提高及热效应的作用,土壤中的水分会沿着毛细管上移,经薄膜阻挡并在膜面上聚成水滴而滴回土壤,使水分呈上下运动状态。同时,一部分水滴沿膜面横向流向畦的两边,加上浇水时水会从移栽口向下及侧面渗透。结果使整个土壤水分呈上下左右运动趋势,使土壤均匀湿润,从而有利于蔬菜生长及抑制病虫害的发生。

3. 保持土壤疏松状态 覆盖薄膜后,土壤避免了雨水冲刷带来的土壤板结。加之不需要中耕除草,减少了农事操作中的踩踏。因此,能使土壤保持疏松。

4. 加速土壤养分转化,提高土壤养分利用率 由于土温的提高,土壤中的微生物数量增加,活性增强,加快了土壤有机质的分解和铵态氮的消化,增加了土壤中的速效养分,也提高了土壤中二氧化碳浓度。同时,盖膜后防止了土壤养分的流失。因此,保护地内蔬菜对肥料的利用率比露地高。据报道,氮的利用率约为 50%,磷的利用率约为 15%,钾的利用率约为 80%。当然,肥料的利用率还与施肥量有关,与前茬作物的残存量也有关。

5. 减轻杂草的危害 地膜覆盖具有较好的防草效果,但膜面必须紧贴土面。盖透明薄膜时,由于膜面温度中午可达50℃左右,杂草幼苗贴到膜面会因高温而灼烧致死。如果是覆盖黑色、银灰色等有色膜,则因见不到阳光而使杂草生长受阻。

6. 减轻病虫危害 盖膜后减少了肥水的施用次数,有利于降低田间空气的湿度,因而减少了病虫的发生。另一方面,杂草较少,病虫的中间寄主少了,也有利于减轻病虫害的发生。再者,地膜覆盖后改善了蔬菜的生长环境,促进了作物的生长发育,有利于提高植株的抗逆能力。

(二) 塑料大棚的栽培效果

1. 提高蔬菜的产量和品质 采用塑料大棚薄膜覆盖栽培,为蔬菜生长发育提供了一个良好的生长环境,加上棚内便于进行蔬菜的精细管理,因而有利于蔬菜正常的生长发育。大棚蔬菜的产量比露地常规栽培的明显提高,一般增产25%～40%,尤其是前期产量高。同时,蔬菜的品质也明显提高。如小西瓜和甜瓜,由于棚内温差大,着色好,含糖量明显高于露地栽培1～2度,果实的整齐度也相对较高。

2. 使蔬菜提早上市 塑料大棚覆盖栽培,其蔬菜的播种期和定植期均提早,使蔬菜的整个生育进程提前,实现了早春早熟栽培及提早上市。如早春辣椒和早春瓜类蔬菜等,均比露地常规栽培提早上市50～60天。

3. 减少灾害的影响 由于大棚的保护作用,因而减少了病虫、低温、暴雨等灾害性因素对蔬菜生长的影响。

二、塑料大棚的种类

塑料大棚的种类繁多,分类方法也不尽相同,有时同一个大棚有几种叫法。按照建棚材料的不同,可分为竹木大棚、钢管大棚和菱镁大棚;按照棚型大小的不同,可分为塑料大棚、中棚及小棚;按照大棚屋顶形状的不同,可分为拱圆形棚和屋脊形大棚;按照大棚栋数的不同,可分为单栋及连栋大棚;按照大棚耐久性的不同,可分为永久性大棚和临时性大棚;按照大棚利用时间的不同,可分为周年利用大棚、单作利用大棚、早春大棚和秋作大棚;根据大棚是否加温的不同,可分为加温大棚和不加温大棚;按照大棚覆盖材料的不同,又可分为聚乙烯大棚、聚氯乙烯大棚和乙烯大棚等。

在生产实际中，菜农可以根据自己的立地条件、栽培习惯、气候条件、建棚材料来源是否便捷等情况，以及自身的经济实力，选择一种棚型进行建造。在长江流域大多数地区都喜欢采用单栋拱棚。农区种植蔬菜，还可以就地取材，建造竹木大棚，易建易迁，不仅简便易行，而且成本低廉。有条件的地方还可以建造单栋钢管大棚等。

三、塑料大棚的设计

（一）建棚地点与方位的选择

建棚地点选择是否科学，事关蔬菜栽培效益的高低。尤其是面积较大，集中连片的大棚蔬菜基地，更要做好周密的规划，结合光照、土壤、通风、排灌及交通等条件，进行综合考虑。一般而言，首先要选择避风向阳、地势平坦开阔、日照充足的地块，有条件的可先进行土地的园田化。第二，要选择土层深厚、地势高燥、地下水位在 0.8 米以下、排灌方便、土壤肥沃的田块。在长江流域地区，由于春季雨水多，如建棚地势较低，势必排渍困难，使棚内湿度增大，容易招致病害，影响产量和效益。第三，所选棚址，要求交通便利，方便管理以及产品和农资的运输等。

日光是大棚热量的重要来源，科学地确定好大棚的建棚方位，可以增加光照强度和时间，有利于蔬菜的生长。一是建棚方位。据研究资料介绍，北纬 35°以南地区，大棚以南北走向为好，南北延伸以略偏东 5°～8°为宜，但不要超过 10°。二是大棚的棚门要设置在大棚的南面，切勿设置在大棚的北面。否则，不利于大棚的保温。在生产中，有的菜农为了行走方便，有时将棚门就近设置在路边的大棚北面，由于棚门开启较多，不利于大棚的保温增温。这样做，在严寒季节对棚温的影响更甚，棚门口附近的植株生长往往明显弱于棚内深处的其它植株。

(二)大棚的规格与布局

从栽培的角度看,棚体越大,越有利于保温增温,棚内的小气候条件就越好。大棚规格一般为长 30 米左右,宽 4.5～6 米,高 1.8～2.5 米。大棚为南北朝向,东西两个棚的间距为 1 米左右,中间要设一条宽约 30 厘米的小水沟。南北两个棚之间的距离为 1.5 米左右。大棚四周要开小水沟以利于排渍。用作建棚的田块,最好是先行土地园田化,按长 30 米、宽 21 米的规格,建成标准田块。建棚时,每块田建三个标准大棚,便于大棚的管理和提高土地的利用率。大棚群内的道路和渠系,要实行配套,形成道路通畅、排灌便利的生产体系。如果是建造竹木结构大棚,还要考虑到当地的气候条件对大棚的影响程度,在设计棚体时,还要考虑到大棚的风载、雨载、雪载等负荷因素。也就是抵抗风、雨、雪的能力。在建棚过程中,要使大棚架坚固牢靠,以利于承载负荷。

四、塑料大棚的建造

现介绍长江流域地区早春栽培常用的几种大棚及其施工建造技术。

(一)竹木塑料棚

依据其跨度和用途的不同,竹木塑料棚分为塑料大棚和塑料中棚两种规格,现分述如下:

1. 竹木塑料大棚

(1)规 格 大棚跨度为 4～4.5 米,高 1.8 米,长度依地形而定,一般为 30 米左右。棚间距 0.5 米左右,每棚面积为 120～130 平方米。

(2)材料准备

①大棚竹片 每个棚需要长 4.5 米、宽 3 厘米的竹片(或

小山竹)约 90 片,竹片粗的一头要适当削尖,每 667 平方米共需约 450 片竹片。

②小棚竹片　长 2.7～3 米,宽 2 厘米,每个标准棚约需 50 片左右,竹片两头要削尖。

③大棚膜　以选用长寿流滴膜或多功能转光膜为佳。膜幅宽 6～8 米,厚 6～8 微米(丝),用量为 60 千克/667 平方米。

④小棚膜　幅宽 3 米,厚 3～4 微米(丝),用量为 20 千克/667 平方米。

⑤微　膜　因畦面宽度而定,一般宽 1.5～2 米,厚 0.5 微米(丝),用量为 4 千克/667 平方米。

⑥木　桩　顶桩长 2.2 米左右,每棚 6 根;边桩长 0.9 米,每棚 40 根;小木桩(压膜线用)长 0.3 米,每棚约 40 根。另外还需要一定长度的横杆等。

⑦压膜线　为塑料绳(40 根低压束丝芯),用量为 7.5 千克/667 平方米。

(3)建　棚　按照大棚跨度,用石灰线划好棚的二条平行线,即大棚的边线。确定棚头位置后,在两边线的相对位置上,每隔 75 厘米用钢钎或坚硬的木桩打洞,洞深 30 厘米。同时,沿棚边长线每隔 1.5 米打入一个棚边桩,深 30 厘米,外露 60 厘米,并保持在一条水平线上。再在边桩顶端钉紧固定木(竹)条,使大棚边桩连成一体。在棚中央的中线位置上,打入大棚顶桩,留高 1.8 米,每隔 5 米一根,再用木条或大竹片(一根毛竹劈成两半)在桩的顶部钉紧,使之连成一体。将竹片粗的一端插入预先打好的洞内,深 30 厘米,直至插紧为止,将相对应的两片竹片的细端在棚顶上重叠并紧贴棚顶,绑扎牢固。在棚腰两侧各捆绑一条拉杆,使棚体成为一个整体。大棚的两头用粗木桩作棚头,固定大棚(图 2-1)。在南面的棚头上开一个 60～80 厘米宽的棚门。凡大棚架上每个交接口处要认真检查,发现有尖锐物易刺破棚膜的地方,要用废旧膜或布条包扎好,以免刺破棚膜。

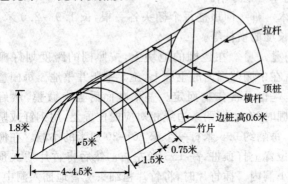

图 2-1 竹木塑料大棚结构示意

按照棚的长度预备好棚膜,准备扣棚。一个大棚最好用一张完整膜,其保温性能会更好些。扣棚膜时,一边扣紧棚膜,一边用泥土压紧棚膜脚,再用压膜线压紧棚膜。压膜方法是:先将压膜线扎紧在小木桩上后,再将木桩打入土中,固定大棚的效果会更好些。在棚门口固定一张高 60～70 厘米的围棚膜,可防止开棚门时扫地风(冷空气)袭入棚内。

2. 竹木简易塑料中棚 竹木简易塑料中棚,主要用于早春栽培时作定植棚用,覆盖时间稍短。由于棚型稍小,成本较低,建造方便,栽培效果好,而被广大菜农广泛应用。

(1)规 格 棚的跨度为 2.3～2.5 米,高度为 1.5 米左右,长度随地形而定,一般不超过 30 米长。棚间距为 0.4～0.5 米。

(2)材料准备

①大棚竹片 竹片长 3.9～4 米,宽 3 厘米,竹片剔平两头削尖,每 667 平方米需要约 550 片竹片。

②棚　膜　中棚膜幅宽4米,厚度4微米(丝),用量为30千克/667平方米。

③木　桩　即顶桩每个棚头各一根,长1.9～2.0米,还要一定长度的横杆等。

(3)建　棚　在建棚的地块上,按照棚的跨度划好棚边线,然后在中棚范围内的土壤上,施足基肥并整地。每棚整成2畦,畦宽也可视作物而定。整平畦面后盖上微膜,然后建棚。建棚时,在中棚两条边线相对应的位置上,用钢钎或坚硬的木棍,每隔约0.5米打一个深20～30厘米的小洞。在棚头的中央位置上打顶桩,高1.5米左右。然后将竹片插入预先打好的小洞内。插竹片时,将竹片粗细头交替地插入洞中,在棚顶将横杆绑扎牢固,并固定在两个棚头桩顶上,使整棚连成一体。再将棚膜盖上,留好棚门。扣膜时,要用锹或锄头,铲土压实棚膜脚,使棚膜绷紧。竹木塑料中棚结构如图2-2所示。

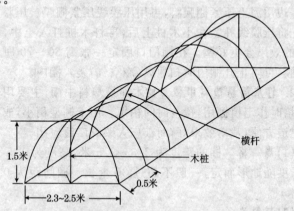

图2-2　竹木塑料中棚结构示意

（二）裙式塑料大棚

裙式塑料大棚的建造与竹木塑料大棚基本相同,只是棚跨度更大,采用了裙式放风口而已。因为棚体更大,更方便蔬菜种植者的农事操作,所以提高了大棚的蔬菜生产能力与功效。

1. 规　格　大棚跨度为 6 米,高 1.8～2.0 米,长度为 30 米左右,棚间距为 0.8～1.0 米,每个棚的面积约为 180 平方米。

2. 材料准备

(1)大棚竹片或小山竹　长 5 米,小山竹胸高处粗度为 3～4 厘米,顶梢粗度不少于 1 厘米。或竹片长 5 米,宽 5～6 厘米。每 667 平方米需竹片或小山竹约 460 根。小棚竹片数量与规格同塑料大棚。

(2)大棚膜　顶膜幅宽 8 米,厚度 6～8 微米(丝)。用量 60 千克/667 平方米。裙膜幅度 1.3～1.5 米,厚度 3～4 微米,用量 5 千克/667 平方米。小棚膜规格同塑料大棚。

(3)木　桩　顶桩长 2.4 米,每棚 6～8 根,拉杆 5 根;压膜线用小木桩 0.3 米,每棚约 50 根。

(4)压膜线　压膜线的用量为 8 千克/667 平方米。

3. 建　棚　按照棚的跨度,用石灰划好棚的二条平行线,即大棚的边线。然后在两条边线的相对应位置上,每隔 0.5～0.6 米用钢钎或坚硬木桩打洞,洞深 0.3 米。在棚中央的中线位置上,把顶桩打入土中,留桩高 1.8～2.0 米,每隔 4～5 米打一根。再用大毛竹片(一根毛竹劈成两半)钉牢在顶桩上。然后,将竹片或小山竹粗的一端,插入洞内,直至插紧为止,并将对应的两个尾部相交重叠绑扎于顶部的横杆上。在棚架的腰上,各捆扎 2 根(总共 4 根)拉杆固定,使棚架连成一体(图 2-3)。

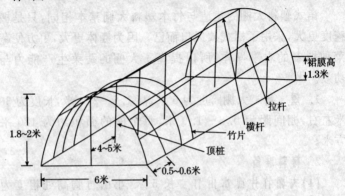

裙膜高
1.3米

拉杆

横杆

竹片

顶桩

1.8~2米

4~5米

0.5~0.6米

6米

图 2-3　裙式塑料大棚结构示意

　　大棚扣膜,先安装裙膜。将裙膜的一边折叠后,将一个石子(或豌豆)包入双层膜内并扎紧在竹片上,以固定裙膜的上端。裙膜高度为 1.3~1.5 米,裙膜的下端埋入土中固定。然后再将顶膜扣上,并叠加在裙膜上面,使顶膜和裙膜重叠面在40 厘米以上,再用压膜线压实,使两层膜紧贴。放风时,通过移动顶膜上下滑动风口大小,来调节放风量。

　　(三)菱镁塑料大棚

　　菱镁大棚是近几年推广的一种新式棚型。它是用木制模具、高标号水泥、锯末和胶水,以竹片或铁丝作为内筋,浇铸而成的一种具有棚架弧度要求的轻质棚架。比竹木塑料棚更耐用,棚形稳定,成本比竹木棚高,但比钢架大棚低很多。由于它生产工艺简单,安装方便,费用较低,因而在广大菜区受到农民的欢迎。

　　1. 规　格　大棚跨度为 6 米,高 2.5 米,标准棚长为 30米。有大棚骨架 26~30 对(各生产厂家相异)。大棚肩高

0.7～0.9米。棚架角度有70°和90°两种。棚间距1米,每个棚面积为180平方米。

2. 材料准备

(1)定　型　根据建棚需要,选定好所需的棚型进行购买。

(2)大棚膜　棚膜幅宽9米,厚度为6微米(丝),用量为55千克/667平方米。

(3)小毛竹　小毛竹长5米左右,越长越好,毛竹基部直径为5～6厘米,每个棚需8根,每667平方米需24根。

(4)小木头　每棚3根横杆,小木头越长越好,压膜用小木桩每667平方米约需180根。

(5)铁　丝　12～14号铁丝,每667平方米用量约4千克。

(6)压膜线　用量为7～8千克/667平方米。

3. 建　棚

(1)挖掘棚架落脚孔　按照棚的两条边线位置划好线,再根据棚架的对数计算好每对棚架的间距,一般为1～1.1米。用石灰点记棚架落脚的位置,然后挖孔。孔长30厘米,宽15厘米,深30厘米。孔的位置以拉线内1/3,拉线外2/3为宜。

(2)组装棚架　将单片棚架顺势预放在棚内,并将每两片顶端有螺丝眼的棚架接成半弧形,对准眼孔,上好螺丝,稍作拧紧固定。先将两个棚头按标准栽好固定,再在棚头的顶上和在棚脚高约0.8米处,各拉一条细线作基准线,定位其余棚架。然后,将每对棚架以上述三条基准线为标准,调节棚架高度和宽度。确定位置后,拧紧顶部螺丝,固定棚脚。边栽棚架,边将棚顶上及两边棚腰的横杆,用12～14号铁丝扎紧固定,使大棚连成一体。在大棚的两头,用小毛竹在棚内斜插上剪刀撑,将小毛竹头插入大棚第一根棚架脚基部土中,将毛竹与棚架的交汇处用铁丝扎捆在棚架上,进行固定,棚头栽粗木桩并加以固定,建好棚门(图 2-4)。

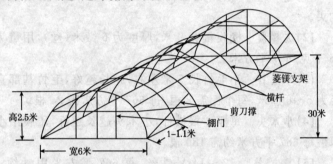

图 2-4 菱镁塑料大棚结构示意

(3)盖上棚膜 扣膜时,棚两边的膜同时进行,用铁锹或锄头铲泥土压实棚脚膜,然后用小木桩和压膜线将棚固定。

在安装菱镁大棚时要注意:一是每对棚架要尽量设置在同一条直线上,这样才能使棚架受力均匀,延长使用寿命。二是棚骨架与横杆的小毛竹交接点要用铁丝固定,形成整体,增强棚体的负荷能力。以后,每年最好检查一次各交接点,并拧紧螺丝和铁丝,固定牢靠,以提高大棚的使用寿命。

(四)装配式钢管塑料大棚

装配式钢管塑料大棚具有稳定性强,薄膜固定简单、牢固,拆装方便,抗御风雪能力强,使用寿命在 15 年以上,农事操作方便等特点。其缺点是一次性投资成本大。

1. 规 格 这种大棚的标准跨度为 6 米,高 2.5 米,长 30 米,每个棚的面积为 180 平方米,棚间距为 1 米。

2. 材料准备与安装 购置大棚时,一般有专业人员负责安装调试,或在技术员的指导下进行安装。如果自行安装可以参阅产品说明书进行。

五、大棚覆盖材料的种类及特性

(一)塑料薄膜

1. 农用塑料薄膜 依据其原料可分为聚乙烯和聚氯乙烯二大类。其主要特性的比较见表 2-1。选择棚膜的要求是:透光率高,保温性能好;张力强,伸长率大,可塑性强;防老化流滴、防尘性能好等。在早春蔬菜栽培中,由于处在阴雨、低温、寡照等天气中,应选择多功能膜及高保温膜作大棚覆盖膜。不洁棚膜最好用作地膜,否则,因透光性差,会妨碍蔬菜生长。

表 2-1 不同树脂原料农膜特性比较

特 性	品 种	
	聚氯乙烯	聚乙烯
机械强度	优	良(约为 70%)
抗老化性能	好	较好
弹 性	好	较差
透光性	好	较好
透气性	良	优
传导热量速度	良	优
保温增温性能	优	良
防雾滴性能	良	优
防尘性能	良	优
比 重	大	小(仅为聚氯乙烯 76%)

2. 多功能棚膜(EVA 多功能复合膜)　现在市面上有多种类型的功能膜,供蔬菜生产使用,能较好地满足蔬菜生长的需要。

(1)**高保温、高透光、EVA 长寿膜**　供建造日光温室和拱圆形棚用。为三层共挤、高 VA 含量、添加抗穿刺高档树脂。具有高保温、耐低温、高长寿、抗穿刺、抗撕裂、柔韧性好、流滴期长等特性。

(2)**消雾型高透光、高保温、EVA 长寿无滴膜**　供建造日光温室和拱圆形棚用。适宜西红柿、黄瓜、茄子、辣椒、西葫芦、草莓、菜豆、甜瓜、西瓜等喜光作物生产使用。为三层共挤、高 VA 含量、添加抗穿刺等高档树脂,具有消雾、高保温、耐低温、高长寿、抗穿刺、柔韧性好和流滴期长等特性。

(3)**转光型高透光、高保温、EVA 消雾长寿无滴膜**　供建造日光温室和拱圆形棚用;适宜西红柿、瓜类、辣椒和茄子等喜光作物生产使用。具有消雾、高保温、耐低温、流滴期长等特性,并具有将对作物无用的太阳光转换为有用光的功能。

3. 功能性地膜　根据栽培的目的不同,地膜也呈现出多功能性。

(1)**银灰黑色配色除草地膜**　使用时银色面向外,黑色面向里,除具有普通农用地膜的特点外,还有遮荫、降温和透气功能,以及驱避有翅蚜虫、抑制杂草生长的作用。

(2)**物理除草膜**　有黑色、绿色两种,具有保温、保墒和抑制杂草生长的功能。

(3)**无滴地膜**　透光性能好,提升地温快,对作物的初期生长作用明显,较普通地膜提高透光率 10% 左右。

(4)**黑白间隔配色地膜**　白色带下的作物可吸收阳光,促进生长;黑色带下的杂草因光线不足,生长缓慢,从而抑制了杂草。

(5)转光地膜 能将紫外线转变为红橙光或蓝紫光,使照射到作物上的光与作物所需光相符,促进光合作用。

(6)绿色环保地膜 经特殊工艺制作而成,性能同白色普通地膜。该地膜覆盖一段时间后(80～120天或根据实际需要制作)开始裂解。裂解后进入土壤,通过微生物酶的作用加以降解,不构成对土壤等环境的污染,符合环保要求。这种性状是今后地膜的发展方向。

(二)草 帘

草帘是用稻草、苇子或蒲草等作材料,用细麻绳作连线编织而成。具有保温御寒的作用,取材容易,成本低廉,但不透光,管理不便。多用于寒冷季节的蔬菜育苗及蔬菜越冬。特别是在强劲寒流来临时,对蔬菜的增温保苗有重要作用。使用方法是将草帘覆盖在大棚或大棚内的小拱棚上面,以及大小棚的两层薄膜之间,用以抵御寒流。也可以直接覆盖在越冬作物上。在冬、春寒冷季节,一般在下午4～5时盖好大棚内的小拱膜后,再盖上草帘。待第二天出太阳后掀去草帘,以增加棚内光照。切勿全天覆盖草帘。使用过程中,要注意保持草帘的干爽,以利于保温。

(三)遮 阳 网

遮阳网在蔬菜生产上应用,可以发挥遮光、降温和防暴雨等优点,对蔬菜生长起到保护作用。在早春大棚蔬菜中,也可以用来进行棚内育苗的保温及早春覆盖防暴雨等。

1. 早春大棚育苗上的应用 在早春蔬菜育苗中,如辣椒、茄子、西红柿、瓜类等蔬菜的育苗,均处冬、春季节气温低,在没有草帘覆盖的情况下,可以在大棚内的小拱棚上覆盖黑色遮阳网保温,遮阳网多层折叠后进行覆盖效果会更好。也可以把它覆盖在草帘上。如果是棚内越冬蔬菜防寒,也可用黑色遮阳网进行浮面覆盖,也有较好的防寒、防冻效果。

2. 在早春蔬菜栽培中作防雨用 早春大、中棚蔬菜进入春、夏季节掀去了棚膜后,暴雨较多,可在棚架上覆盖遮阳网。这不仅可对蔬菜起到弱光、降温的作用,同时还起到防暴雨的作用,可谓"外面下大雨,棚内下小雨",减轻蔬菜的暴雨冲刷,有利于提高蔬菜产量和品质,提高蔬菜的种植效益。

第二节 早春大棚小气候特点及其调控技术

在长江流域地区,进行早春大棚蔬菜栽培,由于冬、春季节的低温、阴雨、寡照等不利的气候特点,使塑料大棚内的小气候具有明显的地域制约性。因此,要搞好早春大棚蔬菜生产,就必须调控好大棚内的小气候。

一、温度特点及其调控

(一)温度变幅大,容易形成冻害及高温危害

由于太阳照射、实行覆盖和强制通风等管理措施的采用,因而形成棚内气温一天中的以下变化规律:日出后棚内温度逐渐上升,到中午12~13时达到最高值;随后气温逐渐下降。到第二天日出前,棚内温度为最低值,形成一定的日温差。在不同的天气状况下,晴天棚内增温快,温度高;阴雨天增温的

效果差。土温与气温的变化规律相似,但最高地温出现的时间比最高气温出现的时间,要晚 2 小时左右,最低地温出现的时间比最低气温出现的时间晚 1～2 小时。而且表土层温度变化大,而深土层地温变化小。

大棚内的温度变化,随外界气温而变化,除了具有明显的昼夜温差外,还存在较大的季节温差。在冬、春季节,大棚内气温增温幅度为 4℃～6℃;初夏大棚内气温增温达 8℃～12℃;外界气温达 20℃左右时,晴天棚内气温可达 40℃左右,5～6 月份棚内最高温度可达 50℃。因此,棚内最容易出现高温,造成高温危害等。总之,大棚气温日夜温差大,季节温差也大。

(二)温度的调控

1. 大棚增温保温措施

(1)育苗床增温措施 可以采用酿热物温床及电热温床育苗,以提高棚内苗床温度(本书第三章育苗技术中有详述)。

(2)多层覆盖 采用大棚套小棚双层薄膜覆盖,在寒潮时节还在小拱棚上加盖草帘,并密闭棚门,进行保温。

在生产实际中,寒潮袭来之际,如何不失时机地采取多层覆盖的保温增温措施,使苗子不致受冻,成为保苗育苗工作的关键环节。为了便于棚温的操作管理,可用回归方程来模拟棚内的最低气温,以实施保温措施。作者经多年试验,摸索出一种简便且行之有效的办法,提供菜农管理时参考。据试验测定,在 12 月份至翌年 2 月份的低温季节,棚外温度(X)与棚内温度(Y)具有相关性,可建立回归方程:晴天 $Y = 7.6 +$

0.7219X;阴天 Y＝6.5＋0.7819X;雨天 Y＝4.8＋1.181X。
然后,根据当时当地的外界气温,用上述回归方程来模拟预测
棚内的最低气温。再依据棚内蔬菜(如辣椒、黄瓜等)对低温
的要求,决定棚内是否加盖小棚膜或加盖草帘,而不至于使蔬
菜受冻害。这样做,不仅操作简单,而且提高了大棚的管理效
果。例如,在晴天,当最低气温为 4℃时,根据上述回归方程,
可模拟计算出棚内的最低温度为 10.5℃,以此来决定棚内需
采取的保温措施,从而大大方便了管理。

(3)提早扣棚 可以根据各地的小气候条件灵活掌握,不
要等太阳下山、气温较低时才去闭棚。太阳下山后再闭棚,保
温效果较差。一般在下午四时许将育苗床小拱棚关闭盖严,
盖上草帘,随后关严大棚,以保持棚内较高的温度。

(4)尽量建大棚 利用大型棚的保温效果,棚体越大(主
要指棚跨度和高度),热量的贮存量也大,增温保温效果也好。
因此,应尽量建成标准大棚以利于保温。

2. 大棚降温 当棚内温度较高需要降温时,可以开大棚门
及裙式放风口,通风降温。同时,还可以起到降低湿度的作用。

二、湿度特点及其调控

(一)湿度大,变幅也大

塑料薄膜的通透性能极差,平时经常处于较密闭的状态,
土壤蒸发和作物蒸腾的水分不易散失,容易形成空气湿度过
高的状态,随着温度的升高,空气湿度相对会随之下降。在傍
晚或清晨温度低时,棚内相对湿度处于较高状态,可达到

80％～100％,在叶面上有时形成一层水膜,湿度一般比露地高10％～50％;在中午,棚内相对湿度又较低,大约棚温每升高1℃,相对湿度就下降3％～5％。总之,棚内空气相对湿度大,变化也大。

(二)湿度的调控

1. 改变棚内温度,调节空气湿度 可以根据棚内温度与湿度之间的变化特点来进行。如果需要增减相对湿度时,在作物需要的温度范围内,适当调节棚内温度,来达到调节湿度的目的。如果棚内相对湿度为100％,棚温为5℃,依据温度每升高1℃,相对湿度降低3％的变化情况,将棚温升高到10℃时,则相对湿度下降为85％。

2. 通风换气 根据作物需要,可打开棚门或放风口进行排湿。刚浇完肥水时,要适量通风排湿后,再关闭棚门。

3. 覆盖降湿 要防止棚内湿度过大,可以在棚内进行畦面及畦沟地膜覆盖,防止水分蒸发。或在畦沟内铺上稻草吸湿,进行湿度调节。

4. 增加湿度 如果棚内过于干燥,需要增加湿度,则可以在畦面上或在土面上洒水或喷雾。也可在沟内灌半沟水慢慢润湿土壤,以保持棚内湿度。

三、光照特点及其调控

(一)光照弱,光照利用率低

由于冬、春季节阴雨日多,日照时数相对减少,加上棚膜的透光率及旧膜透光率降低,因而使大棚内的实际透光率仅

为 $60\% \sim 70\%$。大棚的走向与光照也有关。南北走向的大棚,其棚内不同位置的水平照度比较均匀,而东西走向的大棚,南侧比中北部的水平照度要高。不同的薄膜覆盖材料与光照度也有关。

(二)光照的调控

1. 调整大棚方位　调整大棚的建棚方位,使大棚成南北走向延长。

2. 选择透光率高的棚膜　建造大棚时,要选用透光率高的大棚薄膜覆盖材料,以及多功能转光膜等。

3. 保持棚膜清洁　用于大棚覆盖的薄膜,要干净透明,增进大棚透光率。旧薄膜的透光性差,可改作地膜使用,要保持棚膜清洁。如果棚膜附着灰尘和草屑等污物,要及时清扫、擦拭干净。

4. 合理密植,提高光能利用率　要根据蔬菜不同生长时期的需光性及植株大小,合理设置栽植密度。使之受光均匀,达到个体与群体的协调生长。

5. 补　光　冬、春季节多光照不足。如遇久雨低温,光照更显不足时,可在棚内苗床上利用电灯补光。这种方法在瓜类育苗上应用较多,效果也好。可以防止久雨低温时,种子不发芽、不出苗而导致烂芽和烂种的现象。

四、气体特点及其调控

(一)二氧化碳不足,有毒、有害气体富余而易致危害

大棚内的二氧化碳,除来源于空气中外,还有作物呼吸作用、土壤微生物活动,以及有机物的分解、发酵等放出的二氧化碳。所以,夜间大棚的二氧化碳浓度比外界高。但日出之后,作物开始旺盛地进行光合作用,吸收了大量的二氧化碳,而外界大气中的二氧化碳又不能及时补充,造成白天棚内二氧化碳浓度比外界还低。一般光合作用较适宜的二氧化碳浓度为 1000×10^{-6} 左右,大气中二氧化碳的浓度为 300×10^{-6} 左右,而在晴天大棚内二氧化碳的浓度可下降到 85×10^{-6} 左右。可见,白天棚内二氧化碳浓度严重不足。

在长江流域及江南地区大棚内,冬、春季一般不用火炉加温,大棚内的有毒气体主要是氨、二氧化氮(亚硝酸气体)、乙烯和氯等。氨和二氧化氮主要是由于碳铵、尿素和硫铵作追肥用量过大时产生的。当大棚内氨的浓度达到 5×10^{-6} 时,氨危害叶绿体,使之逐渐变成褐色以至枯死。二氧化氮浓度达到 2×10^{-6} 时,危害叶肉,形成漂白状斑点,严重时除叶脉以外叶肉全部枯死。乙烯和氯是薄膜本身产生的有毒气体(主要是新膜),当乙烯气体浓度达到 1×10^{-6} 以上时,可使绿叶或叶脉之间发黄,而后变白枯死。同时,还要避免新膜上的水滴落到蔬菜叶片上,以减轻危害。

(二)气体的调控

1. 通风换气 坚持每天开棚通风换气,可以增加二氧化碳和氧气的浓度,排除棚内有毒气体。通风换气,可以使棚内的二氧化碳的浓度大约提高到 260×10^{-6},甚至接近大气中的浓度,有利于蔬菜的光合作用。

2. 合理施肥 施肥时,要注意肥料的质量及用量,少施或不施碳铵、尿素等氮素肥料,用量不能过多。提倡氮、磷、钾肥配合使用。采用肥料沟施或施用后覆土等方法,施用有机肥时必须充分腐熟。

3. 棚膜的处理 如果新棚膜出现水滴落到植株叶片上,造成危害以至植株枯死时,可将棚膜反转过来重新盖上,即可避免出现危害。但是,流滴膜盖膜有方向要求者除外,这类膜要按膜面上的文字提示,进行覆盖。

总之,大棚内的温度、湿度、光照及气体的调控,是一项综合的管理措施,可结合进行综合调控。通过开棚及放风,不仅调节了棚内温度和湿度,增加了光照,而且改善了棚内的气体构成。在日常的大棚管理中,要根据当时的天气状况和蔬菜生长情况等因素,决定开棚放风的时间及放风时间的长短。具体可参照表 2-2 进行,以达到最佳的调控效果,从而为蔬菜的生长发育提供适宜的生长环境,促进蔬菜的高产优质。

表 2-2 放风时间与天气、环境的关系

天气状况		晴 天	阴 天	雨(雪)天
环境状况	温 度	高	中	低
	湿 度	大	中	小
放风时间		长	中	短

五、土壤营养特点及其调控

(一)土壤营养特点

1. 土温高,养分转化快 大棚内畦面由于地膜覆盖,土温比外界土温高,土壤养分转化率也明显高于外界,养分分解释放量大,栽培产量高。如果施肥量不足,补充不及时,有时会出现棚内土壤养分偏低的状态。

2. 淋溶少,易产生盐渍化 棚内的肥料由于受雨水冲刷淋溶少,剩余的肥料和盐分会随土壤水分的移动而上移,积聚在土壤耕作层,造成高浓度的盐分危害,使作物生长发育受阻。

3. 品种单一,病虫基数大 大棚内种植的蔬菜品种往往比较单一,同科作物种植现象比较普遍,容易造成病虫基数增大,甚至出现作物的"自毒现象"。

(二)土壤的调节

1. 合理施肥 要根据蔬菜所需要的养分状况及需肥量来施肥,尽量减少单一性元素(如氮)肥料的使用,尽量使用有机肥或生物有机肥,减少蔬菜养分失衡及避免缺素症的出现。近年来,在生产上开始推广商品有机肥和在有机物肥料中加入有益生物菌的生物有机肥,对蔬菜产品质量和产量都有较好的作用(表2-3)。生物有机肥可以和速效性肥料(如复合肥)结合施用。在肥效搭配上实行长短结合,既有利于植株前期发棵,搭建丰产苗架,又有利于中后期的稳健生长,不早衰,实现稳产高产。

基肥施用量一般为每667平方米施生物有机肥200~250千克,加复合肥30~40千克,以沟施为宜。但要注意,如施用生物有机肥作基肥时,待植株缓苗后应及时施用提苗肥2~3次,以促进发棵,搭建丰产苗架。否则,未及时施用提苗肥,易造成植株苗架小,影响蔬菜的产量,难以获得高产,反而得不到应有的效果。生物有机肥与复合肥效果的比较试验，其结果见表2-3。

表 2-3　生物有机肥与复合肥对比试验

处理	项目	叶色/平均单叶鲜重(g)	叶片(长×宽,cm)	成熟期(月/日)	蔓枯病发病率/死株率(%)	单株结果数(个)	糖度(度)	单瓜(果)重(g)	平均单株产量(kg)	每667m²产量(kg)
甜瓜	生物有机肥	浓绿/19.5	21.2×29.2	11.2	27.2/16.5		16	1600		2592
	复合肥	青绿/17.0	19×26.1	11.8	63.5/49.6		14	1250		2025
辣椒	生物有机肥		株幅65×58cm			36		31	1.08	2700
	复合肥		株幅60×57cm			32		28	0.96	2400

注:施用量:生物肥(绿悦牌)667m²施150kg,三元复合肥(45％)667m²施用75kg。辣椒品种绿海68,11月7日播种,2月7日定植,5月29日测定。甜瓜品种:蜜世界,播种期为8月20日,定植期为9月8日,采收期为11月19日,测定时间为11月10日。试验地点:县蔬菜科技园、县蔬菜研究所

2. 合理栽培　用不同科的蔬菜进行合理轮作和间作、混作及套种,深翻土地,改变土壤理化性状和营养状态。如江西永丰县等地,将早春大棚辣椒与果蔗套种,蔬菜与水稻实行轮作等,都是比较成功的例子。在长江流域稻区,进行蔬菜的水旱轮作,在竹木简易塑料大(中)棚的蔬菜收获后,收起棚架与晚稻进行轮作。通过水旱轮作,改良了土壤结构,优势互补,减轻了病虫害的发生,实现了菜粮的双丰收。表2-4反映不同类型晚稻的生产调查结果,足见轮作的良好效果。

表 2-4　不同类型晚稻与早春蔬菜轮作结果调查 （2002.11.12）

项目　　处理	尿素（kg）	氯化钾（kg）	磷肥（kg）	井冈霉素（kg）	杀虫双（kg）	叶青双（kg）	面积（m²）	稻谷总产（kg）	折合每667m²产量（kg）
早春蔬菜—晚稻轮作栽培的晚稻	5	5	15	0	0.2	0.1	667	560	560
双季稻栽培的晚稻(ck)	10	10	25	0.2	0.4	0.15	933.8	567.4	405.4
比 ck 增或减（＋，－）	－5	－5	－10	－0.2	－0.2	－0.05			＋154.6增长38.1%

注:品种为汕优桂 99,调查农户,坑田乡刘礼仁

3. 洗盐和换土　棚内土壤盐渍化较重时,可于作物收获后,在棚内灌满水进行洗盐,通过水分的淋溶渗透,把盐分淋溶下去。再就是移棚,达到换土的目的。如果大棚不便移动时,可对棚内土壤进行换土,客土入棚。

4. 高温闷棚　当大棚使用年限长、病虫害基数大、发病严重时,可以通过高温闷棚来杀灭大部分害虫和土传病害(如疫病、根腐病等),以及抑制病毒病的发生。其方法是:在休棚的 7~8 月间,于棚内撒施石灰 40~50 千克/667 平方米,灌水使石灰溶解,然后密闭大棚约 1 个月,进行闷棚,可取到较好的杀灭效果(表 2-5)。

表 2-5　大棚高温闷棚试验结果

项目		处理						
		闭棚				未闭棚（ck）		
		棚号				棚号		
		1	2	3	平均	1	2	3	平均
棚内土表温度		66℃				34℃			
缺株数		18	10	7	11.7	173	158	141	157.3
缺株率（%）		4.78	2.6	1.8	3.0	45.7	41.8	37.2	40.9
病毒病发病情况		轻	轻	轻		重	较重	重	
长　势		较旺	旺	旺		较差	差	差	
折合 667m² 产量（kg）		2092.5	2185	2421	2236	448.5	605	767.5	607
比对照增产（%）					+268%				
用药情况	次数	4 次				9 次			
	药量（克）	720				2760			
	成本（元）	43.00				132.00			

注：闭棚时间：7 月 10 日至 8 月 10 日，闭棚前，两处理每棚各施石灰 10kg（折合为 40kg/667m²）；辣椒品种：新皖椒一号，农药施用品种有：病毒 A、多菌灵、甲霜灵、敌敌畏、氯氰菊酯等。每棚 140m²，定植辣椒 378 株

第三章　早春大棚蔬菜育苗技术

育苗质量的好坏,对早春大棚蔬菜的早熟、优质和丰产,起着决定性的作用。因此,早春大棚蔬菜的育苗技术是蔬菜高效栽培的基本功,特别是早春大棚蔬菜处于冬、春季节长期低温、阴雨、日照不足等不利的天气条件下,培育壮苗尤其显得十分重要。

早春蔬菜育苗的核心是,利用大棚等保护地设施,科学调控,为蔬菜幼苗生长发育,营造一个良好的环境,培育健壮秧苗,移栽后成活率高,缓苗期短,发棵快,从而争取早熟与前期的高产量,达到均衡增产、优质高产、高效的栽培目的。

早春蔬菜育苗的主要技术环节,除前面介绍的塑料大棚的选地、设计与建造外,还有育苗床的制作、种子处理、播种和育苗棚的管理等重要环节,也都要认真抓好。

第一节　大棚育苗床的准备

早春蔬菜育苗床的种类繁多。随着技术的进步,蔬菜育苗技术向简易化、商品化、专业化方向发展。提高育苗质量,减轻育苗的劳动强度,是今后育苗的发展趋势。

一、塑料大棚冷床

冷床苗床没有酿热物和加温设施,而是依靠日光加温,利用塑料大棚的增温保温性能进行育苗。冷床苗床可以作为早春蔬菜的播种苗床和分苗(假植)苗床,苗床地要避免与上茬蔬菜同科。冷床苗床依据床位的高低,可分为高畦冷床和低畦冷床两种。

(一)高畦冷床苗床

苗床地精耕细耙后做畦,畦面平整,畦高 15～20 厘米,畦宽 1.2～1.5 米(以方便苗床农事管理为宜),畦长以大棚长度为限。畦与大棚两侧之间应留一条宽 25～30 厘米的防寒沟。在畦面上铺上一层约 3 厘米厚的培养土。在畦两边插上宽 2～3 厘米的小竹片,搭成小拱架,小拱棚高 0.6～0.8 米,上盖薄膜。

(二)低畦冷床苗床

在苗床四周筑起土埂,土埂高 15～20 厘米,宽 30 厘米。苗床宽 1.2～1.5 米,长度因棚长而定。畦面上铺上培养土 3～5 厘米厚。或者挖成深 15～20 厘米的坑,然后铺上 5 厘米厚的培养土即成。然后在土埂上插上小竹片搭成拱架,盖上薄膜。

在苗床地大棚四周要开好围沟,以降低大棚的地下水位。高畦冷床与低畦冷床各有其优缺点:高畦冷床保温性能不及低畦冷床,但湿度容易控制,病虫相对少些;而低畦冷床保温性能强,但湿度不易于控制,易招致病害,在生产实际中,可根据自身情况进行选择。在寒冷天气,苗床除要盖严小拱棚和大棚等双层棚膜外,晚上在小拱棚上还应覆盖草帘或遮阳网,进行保温御寒。

二、塑料大棚酿热物温床

(一)温床走向

塑料大棚酿热温床与大棚的走向相同。在南方酿热温床多采用半地下式,其床宽 1.3～1.5 米,长 20 米左右,深度约 30 厘米,床坑底部中间高,两边按一定的弧度倾斜,使床内各部位温度均衡,温床坑横断面如图3-1所示。

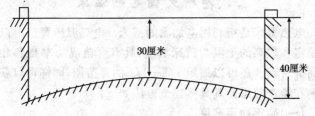

30厘米

40厘米

图3-1 酿热物温床坑示意

(二)酿热物选择与填充

酿热温床是通过填入坑内的发热材料(如稻草和猪、牛粪等),经过微生物的分解作用,释放一定的热能来提高温度,所以酿热物的选择和填充非常重要。江南地区多采用城市新鲜垃圾,猪、牛粪和稻草等作为发热材料。这些酿热物虽不及马粪酿热温度高,但发热时间长可延续1个月左右。填充酿热物时,先在床坑内垫一层稻草或树叶等,以起隔热保温作用。然后分层填入酿热物。每填入一层用脚踩实,浇一次人粪、尿和适量的水,总厚度约20厘米。

如果温床坑内所填入酿热物的湿度不够或水分过多,都不利于微生物的活动,可导致酿热物不发热的现象。其湿度标准是,脚踩在酿热物上可以看见水即可。如果酿热物踩得不紧,虽初期温度高,但后期温度很快低落,而且酿热物和床土也随之下陷,影响幼苗生长。

酿热物填好后,要用塑料膜盖严,晚上加盖草帘,以提高温度,促进酿热物发酵生热。酿热物填充后2~3天,当温度升至50℃左右时,可以铺盖培养土,厚度为8~10厘米。如果采用营养钵育苗,可将营养钵紧密排列在酿热物上,并用细土填实钵间空隙,进行护钵,然后搭建小拱棚保温。

三、塑料大棚电热温床

电热温床是指利用电加温的苗床。电热温床育苗可以保持稳定和较高的土温与苗床温度,具有育苗成功率高和壮苗率高等特点。还可以缩短 1/3~1/2 的育苗期,同样可以获得早熟和增产效果。其具体建造方法如下:

(一)确定功率密度

国内生产电热线的厂家较多,型号各异。生产上使用较为广泛的,为上海农机研究所生产的 DV 系列电热线。DV 型电热线其规格有:功率 400 瓦(长 60 米),600 瓦(长 80 米),800 瓦(长 100 米)和 1 000 瓦(长 120 米)四种。在铺设电热温床时,首先要确定功率密度。在长江流域地区,如使用温控仪,可采用 80~100 瓦/平方米的功率密度,如不使用温控仪,功率密度为 60~70 瓦/平方米即可。

(二)确定电热线的根数及电热线的摆放间距

具体操作步骤如下:

1. 确定总功率 塑料大棚电热温床总功率确定的公式如下:

$$总功率 = 苗床面积 \times 功率密度$$

2. 确定电热线根数 电热线的根数 = 总功率/每根线的功率。

3. 确定铺设电热线的根数 即在苗床断面上铺设多少条电热线。铺设电线的根数 = 电热总长度/温床的长度。为便于布线和管理,苗床断面线的根数要成偶数(可以通过调整温床长度来调节),使线头、线尾都处于苗床同一端。

4. 电热线间距的确定及调整 首先要计算电热线铺设的平均间距,其公式为:电热线平均间距 = 温床的宽度/电热线温床断面铺线根数。在实际铺设电热线时,不要按平均间距摆放,可作适当调整。如苗床的边缘可稍密些,中间稍稀些,有利于做到温度均匀。

(三)铺设电热线

1. 整理床坑　电热温床的床坑深度为 15 厘米左右。铺设电热线之前,先将床底部整平,再均匀铺上 3~5 厘米厚的隔热物(如谷壳、木屑等),以减少热量损耗。使用隔热层的要比不使用的减少电耗 50% 左右。然后,再在隔热层上铺一层细土。

2. 布　线　按照上述计算好的间隔距离铺设电热线。方法是用小竹签按布线间距,直接插在苗床两端,然后将电线绕过竹签,不重绕和漏绕,再在电热线上铺上 10 厘米左右的培养土。如果使用营养钵育苗,则在电热线上铺 2 厘米厚的细土,再紧密摆放营养钵,用细土填实钵间隙护钵。电热线铺设方法见图 3-2。

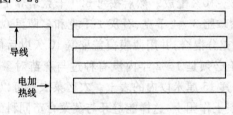

图 3-2　电热线铺设示意

3. 通电与控制　安装好温控仪,接通电源。或直接将电线接到闸刀开关上。

(四)电热温床的管理

电热温床建成后,要及时搭建小拱棚保温。由于电热温床土温高,水分蒸发快,因此要经常检查苗床湿度情况,及时补水保湿。

(五)电热线的管护

在苗床使用中,电热线不能交叉,断线或破了绝缘的电热线不能使用。育苗结束时,小心取出电热线并绕成圈状,不要打折,并妥善保管。

四、营养钵育苗床

　　营养钵育苗,具有省工省时,成苗率和壮苗率高,能缩短育苗时间等特点,是蔬菜育苗的发展方向。经作者试验,营养钵育苗的甜椒比常规育苗的增产 15.2％,早熟 15 天。

(一)培养土的配制

　　培养土的质量如何,与幼苗生长发育有很大关系。在育苗过程中,所需养分基本上来自苗床培养土,所以培养土必须肥沃,具有良好的物理性状。培养土是用 50％～60％ 的园土,充分腐熟的农家肥(栏肥、堆肥、厩肥)35％～40％,糠灰或草木灰 5％～10％ 配成。然后按每 500 千克培养土加复合肥 3～4 千克、磷肥 3～4 千克、石灰 1 千克和多菌灵 0.5 千克的用量,进行充分混合,并用薄膜覆盖堆沤 10 天以后使用。

　　菜园土必须是 1～2 年内没有种过与育苗对象同科蔬菜的土壤,取其 15 厘米以内的表土。农区菜农还可以取水稻田内的耕层表土作园土,这样能避开与蔬菜育苗同科的弊端,减少苗期病害的发生。用于配制培养土的有机肥,如堆肥、栏肥、厩肥和垃圾肥等,必须充分腐熟。配制培养土用的园土、垃圾肥、厩肥和堆肥等,都必须捣碎过筛,清除杂物。在培养土中加入石灰,不仅可以调节培养土的酸碱度,而且可以促进发酵,增加钙质。糠灰、草木灰不仅富含营养,还可以使土壤颜色变深,多吸收阳光,提高土温等。配制好的培养土应起堆存放备用,并浇入一定量的人粪、尿,用薄膜盖好、防止养分流失。

(二)塑料营养钵育苗床

　　塑料营养钵一般为黑色和灰色等暗色钵,不能用透明的营养钵,透明营养钵不利于根系的生长。要根据育苗期的长短及植株的大小,合理选择营养钵的规格大小。早春大棚栽培的辣椒、茄子和西红柿等蔬菜,育苗可选用口径为7~8厘米的营养钵为宜;黄瓜、小西(甜)瓜等瓜类蔬菜,育苗以选用口径为8~10厘米的营养钵为宜。将预先准备好的培养土装入营养钵中时,装入的深度以距钵口1厘米为宜,然后压实。在大棚畦面上沿大棚走向,开一个深8~10厘米、宽1.3米左右的坑,长度因育苗数量而定,底面要平整。然后将营养钵成"品"字形,摆放在坑内或摆放在温床上,钵体间隙要用细土填实,使之排列紧密,四周有细土护钵,以保持钵内水分及一定的土温。塑料营养钵苗床可供直播或分苗(假植)用。

(三)泥草钵育苗床

育苗用的泥草钵,是以稻草作支撑物,用黏泥粘结而成,形似塑料钵的一种泥质营养钵。菜农可以自行制作,方法简单,成本低廉,取材方便,可利用农闲时制作,不受条件限制。移栽时,直接将育苗泥草钵栽入大田,不用脱钵,不需缓苗。泥草钵在早春瓜类栽培使用较多,效果也好。泥草钵制作方法如下:

1. 物质准备　稻草。木棍长1.2米左右(木棍栽在地上,其高度可依操作人的身高而定,以操作方便为宜),木棍粗(直径)8厘米左右。将木棍一头削尖,以方便打入土内,另一头削成平滑状,顶部稍带半圆形,供制钵用。捣黏泥。挖取黏性重的泥土,用水调成稠糊状,用于粘结制钵。

2. 制　钵　制泥草钵不受天气限制,晴天雨天均可进行,屋内屋外均可以做。可在旧房子内制钵,以便晾干。操作前,先将预先准备好的木棍打入地下约10~15厘米深,以稳固为度。将黏泥及稻草置于木棍附近,以便制作方便取材。

制作时,将少许稻草顺势缠在木棍上头,包缠木棍深度为 6～8 厘米,一手扶住稻草,另一只手将适量的黏泥粘附在稻草上,顺手将钵摸平滑,使钵定形。然后将钵向上顺势取下,钵口朝上,轻放至晾干处即可。制钵过程如图 3-3 所示。

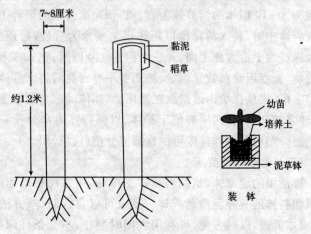

图 3-3　泥草钵制作

制泥草钵时,钵的内径大小及深度,可以通过选用木棍直径大小来调整。黏泥以选择黏性较重的土壤为佳。若黏泥黏性不强,泥钵成形有困难时,可用第四纪红黏土来作黏泥,粘结效果较好。黏泥的附着厚度,以使泥草钵能成形为限,要尽量减少黏泥的厚度。一个劳力每天大约可做泥草钵 600～800 个。待泥草钵干燥后,即可装钵使用。

3. 装　钵　培养土的装钵及摆放方法,同塑料营养钵。

五、穴盘基质育苗床

育苗穴盘类似于塑料营养钵,它是由连体的孔格组成,是一种塑料硬质箱体,孔格底部有一渗水孔。格内可盛装培养土或育苗基质进行育苗。穴盘育苗播种时灵活方便,管理技术简单,定植时不伤根,缓苗快,生长迅速,是早春蔬菜早熟丰产的有效措施。

育苗穴盘的规格、大小有很多种,从每板的孔格数来分,有 32 孔,50 孔,72 孔,128 孔和 200 孔等。虽然各生产厂家的穴盘大小有所差异,但同一穴盘的孔格大小,同一规格大体相同。用作早春蔬菜育苗的穴盘规格,辣椒可用 72 孔的穴盘,瓜类可用 32 孔或 50 孔的穴盘,茄子可用 50 孔的穴盘,西红柿可用 72 孔或 128 孔的穴盘等。育苗时将穴盘摆放入棚内,先在畦面上挖一个深约 8 厘米、宽为 2 个穴盘能平行放下即可。其深度与穴盘面相平,四周用土护钵。

(一)营养土育苗

采用营养土育苗时,营养土装钵的深度略低于盘面,并压实。压实的方法是,用两盘装满营养土的穴盘上下对准位置,互相拍紧即成,可供播种和分苗(假植)用。

(二)基质育苗

采用基质育苗,可选用台湾农友公司的育苗基质,如壮苗系列等。方法是,将基质用水浸泡,使其充分吸足水分,浸泡约 15 分钟。然后,将吸足水分的基质装入穴盘中,整理刮平即可。用水浸泡基质时,水不能放得太多,成稠糊状最好。水分太多装盘后,待水分落干后容易形成"半饱穴",不利于播种和幼苗生长。装钵后次日可播种于穴盘中,播种时先用小竹片将穴盘中央刺一小孔,作播种穴,播后盖籽。

六、营养块的育苗床

(一)营养块的制作方法

自制营养块育苗床。方法简便,在播种前将营养土掺水,和成湿泥,在预先整好的苗床内先铺一层1~2厘米厚的灰渣或草木灰,再将和好的湿泥平铺在苗床内,厚约8厘米。然后用刀划成8~10厘米见方的泥块,在每一方块中央刺一小孔,然后就可播种。

机制营养块育苗床。其营养块是以作物秸秆、泥炭为主要原料配以其它营养成分,用机器压制而成的具有蔬菜所需营养的扁圆形的营养体。主要特点是,使用方便,操作简单,容易推广;肥效全面,育苗质量好,无缓苗期,深受农民的欢迎。

(二)使用方法

营养块的使用方法如下:

1. 平畦摆好营养块 在育苗大棚内将畦面整平,呈水平状,使四周略高出5厘米,以利于蓄水。铺上薄膜,摆上营养块。营养块间距为3厘米,排列横竖成行。

2. 浇水播种 营养块用洒水壶浇水湿透至心,可略存余水,并可在营养块四周撒砻糠灰,厚约为营养块高度的2/3,以利于营养块的保湿和根系生长。然后将种子播入预制的播种穴内,盖籽,再盖上薄膜保湿。

3. 保 温 播种后,搭起小拱棚保温,以利于种子萌芽,出苗生长。

第二节 种子的处理与播种

一、播种期的确定

早春大棚蔬菜的播种期,因育苗设施不同而稍有差异,具体情况详见表3-1。播种期的确定,要根据育苗设施情况、所处的地理位置、气候条件和品种的抗寒性,综合考虑。

表 3-1 　几种早春蔬菜的播种期 　（以赣中地区为例）

育苗设施	蔬菜品种										
	辣椒	茄子	西红柿	瓜类	西葫芦	蕹菜(直播)	萝卜(直播)	豇豆、菜豆	毛豆	扁豆	豌豆
塑料大棚冷床育苗	10月中旬至11月上旬	10月下旬至11月下旬	11月上旬至11月下旬	2月中下旬	元月下旬至2月上旬	2月上中旬	元月中旬至2月中旬	2月下旬至3月上旬	2月上中旬	2月中旬	11月下旬至12月上旬或2月份至3月上旬
酿热物温床育苗	11月上旬至11月下旬	11月中旬至12月上旬	11月下旬至12月上旬	2月上旬	12月份至元月上旬			2月下旬			元月下旬至2月上旬
电热温床育苗	元月上旬至下旬	1月中旬至2月上旬	元月下旬至2月上旬	元月下旬至2月上旬	12月份至元月上旬			2月中旬			

瓜类:主要指黄瓜、小西瓜、甜瓜、冬瓜、苦瓜、瓠瓜

二、晒　种

　　播种前,选晴天将种子摊开在簸箕内或塑料制品的盆碟内,晒种1～2天,以增强种子的发芽势及发芽率,使之出苗整齐,并起到一定的消毒灭菌作用。在晒种时,勿用金属容器盛装或直接将种子摊于水泥地上晒种,以免因高温灼伤种子。有条件时,可对种子进行粒选,选取粒大、饱满、均匀一致、无病虫的种子作种。

三、浸 种

通过浸种使种子充分吸足水分之后,种子才能萌芽。浸种的方法主要有温水浸种和热水浸种两种。

(一) 温水浸种

浸种就是促使种子在短时间内,吸足发芽所需的绝大部分水分。其方法是:将种子浸入约 30℃的清洁温水中,水的用量至少要能把种子全部淹没。浸种时间因品种不同各异。如茄果类浸种 6～7 小时,黄瓜、西葫芦、丝瓜和甜瓜浸种 3～4 小时,苦瓜、小西瓜、瓠瓜和冬瓜浸种 8～10 小时,菜豆浸种 4～6 小时,豇豆浸种 8～12 小时。

(二)热水浸种(温烫浸种)

热水浸种,可以杀灭附在种子表面和潜入其内部的病菌。操作方法是:先将种子用纱布袋装好(装半袋,以便搅动种子),置于常温下清水中浸种约 15 分钟,促使种子上的病原菌萌动,将种子沥干水后,置于 55℃～60℃热水中,烫种 15 分钟,并及时补充热水,以维持恒温。然后,让水温下降到 30℃,继续浸种;或将种子转入 30℃的温水中,继续浸泡。浸泡时间为:辣椒 5～6 小时,茄子 6～7 小时,西红柿 4～5 小时,黄瓜 3～4 小时。最后将种子洗尽黏液。在进行热水浸种时,要严格掌握热水的温度,使之既不伤害种子,又能起到消毒灭菌的作用。

四、消 毒

进行药剂消毒,应针对防治的主要病害而选取不同的药剂。如防治西红柿早疫病和茄子的褐纹病,黄瓜炭疽病和枯萎病,可用福尔马林消毒;防治辣椒炭疽病和细菌性斑点病,可用硫酸铜消毒;防治各类病毒病,可用磷酸三钠进行消毒。药剂消毒主要是把握好药剂的浓度和消毒的时间,以达到消毒灭菌的目的。消毒方法是:种子浸种之后,将其洗净,进行药剂消毒。可选用以下药剂及处理时间:

①1％硫酸铜溶液中浸种 15 分钟;

②5％高锰酸钾溶液中浸种 5 分钟;

③100 倍的福尔马林溶液中浸种 20 分钟;

④10％磷酸三钠溶液中浸种 20 分钟。

凡是用药剂消毒后的种子必须用清水洗净后再播种。也可用药剂进行拌种消毒,其方法是:茄果类用 70％代森锰锌粉剂、黄瓜用 25％甲霜灵粉剂,均按种子重量的 0.2％～0.3％加入药粉,拌种后播种。

五、催 芽

(一)常用催芽方法

催芽,能使种子出苗快而整齐,提高育苗质量,在早春大棚蔬菜栽培中显得尤其重要。特别是瓜类蔬菜育苗期短,催芽播种更有利于培育壮苗。

在催芽过程中,主要是温度的控制。要根据各个蔬菜品种对温度的不同要求进行掌握,同时要保持种子的湿润。在催芽时,可以实行变温催芽,即高温和低温交替处理。变温催芽既能加快出芽速度,使种子发芽整齐,又能兼顾出芽质量,有条件的可以进行变温催芽。常见几种蔬菜早春育苗的催芽温度,见表 3-2。催芽时,将种子沥干水,用布包起来,放在温暖处催芽,按所需的温度进行催芽。如用恒温箱或种子发芽箱催芽,则效果更好。当 60％～70％的种子芽尖露白时,可停止催芽,进行播种。

表 3-2　几种早春蔬菜的催芽温度与时间

项目		辣椒	茄子	西红柿	黄瓜	西甜瓜	苦瓜	瓠瓜	冬瓜	菜豆	豇豆	蕹菜
恒温催芽温度(℃)		30~32	28~30	28~30	27~30	30	30~35	28~30	29~31	25~28	33	30
变温催芽(℃)	日温	34	32	32	31					30	35	
	夜温	24	24	22	22					20	25	
催芽时间(天)		3~4	4	2~3	1	1~2	2~3	6~7	5~7	2	2	5~7

(二)简易催芽方法

如果没有催芽设备,可以采取简易的方法进行催芽。具体方法如下:

1. 热水袋催芽　用热水袋作热源进行催芽。其方法是,用一件棉衣将热水袋包好,再放上棉垫隔热,将种子放在棉垫上,再用小棉被盖上进行保温。热水袋的水每天换1~2次,并冲洗种子一次。种子部分破嘴露白时,即可播种。如种子上有霉菌时,须把种子清洗干净后,继续催芽。

2. 电灯泡催芽　用灯泡作热源进行催芽。其方法是,用一个高约70厘米,直径约50厘米的桶(最好是木桶),先在桶底加入一层温水约5厘米深。在桶的中部用木条或铁丝做一个隔层,然后接入电源线,并在隔层下部10厘米、水面上约15厘米左右处,放置一个40~60瓦的白炽灯泡。在隔层上铺一层湿布,然后把经过浸种消过毒的种子,平铺在湿布上,再将种子用湿布盖好,将温度计的玻璃球置于种子中间。打开电灯后,把桶口用塑料密封后,用旧棉衣或麻袋盖好。注意掌握桶内的温度情况。为提高保温效果,在桶外围可用小棉被或旧棉衣包裹以利于保温。

3. 体温催芽 是以人体温度作热源进行催芽。将种子用布包后,再用塑料袋包裹起来,然后放入内衣口袋中催芽。每天将种子取出清洗1~2次。此法简单,安全方便。种子破嘴露白时,可取出种子进行播种。将未破嘴的种子又放回内衣口袋中,继续催芽。

4. 电热毯催芽 用电热毯作热源来进行催芽。一般用于种子量较多的蔬菜品种的催芽,如蕹菜等。其方法是:浸种后将种子用薄膜包好,放在电热毯内催芽,外面用棉絮或草帘包裹,恒温控制在25℃~30℃,可通过电源开关来控制温度。每天清洗种子一次,当有50%~60%种子露白时,即可进行播种。

5. 破壳催芽 苦瓜和冬瓜等瓜菜的种子,由于种壳厚而且坚硬,不易透水,因而出苗期长。早春的播种期处于温度较低的时期,种子萌动至出芽期长达10~15天,甚至更长,往往受低温时间长的影响,导致烂种而不能出苗,严重影响冬瓜的育苗质量。

根据实践经验,进行种子人工破壳效果比较好。其方法是:用手将种子大头(靠子叶的一端)拧紧,将种子另一端小头(即种孔一端稍尖)竖起来,用牙齿上下轻轻顶压种子一下,当听到轻微的"嚓"的一声时,种壳已顶破(使种壳开缝)即完成破壳。当种子拿出来看时,看不见缝隙又已经紧紧合上。在顶压种壳时,用力要轻,不可用力过猛,否则将会损坏种子。种子破壳后,再进行浸种催芽处理。

包衣种子,可以直接播种干籽。

六、播　种

各种蔬菜的用种量不尽相同。其播种量可参考表3-3进行。播种前,将苗床土刮平,再铺上一层 3 厘米厚的培养土,将苗床浇透底水后再播种。一般将种子分 2～3 次撒播,才能达到播匀。如果种子潮湿成团,可用糠灰拌种后再撒播。播种后用细土或培养土盖籽,盖籽厚度为 1 厘米左右,再用木板轻压畦面,使种子与土壤充分接触。然后,在畦面上盖一层稻草,再盖薄膜并用泥土压紧,并搭好小拱棚,以利于保湿。在播种时,要注意充分浇足底水,保持种子出苗所需水分。如果浇水不足,出苗过程中需要补水时,常常因为土壤水分的干湿交替,容易导致出苗不齐,不匀,甚至土壤板结,造成出苗困难,影响育苗质量。因此,切勿底水不足。

表 3-3　几种早春大棚蔬菜的播种量

蔬菜种类		粒数/g	每 667 m² 播种量(g)
辣　椒		160～200	35～40
西红柿		300～350	35～40
茄　子		200～250	40
黄　瓜		30～40	130～150
小西瓜		30～40	70～80\立式栽培
甜　瓜	(薄皮)	60～70	30
	(厚皮)	20～35	80～100\立式栽培
冬　瓜		18～24	100
苦　瓜		6～7	120～150
瓠　瓜		6～9	200～250
西葫芦		7～8	200～250
豇　豆		9～12	1 000～1 500\直播
毛　豆		5～10	7 000～7 500\直播
扁　豆		20～33	1 000～1 200\直播

蔬菜种类	粒数/g	每 667 m² 用种量(g)
菜　豆	1.5～3.5	5 000～6 000\直播
豌　豆	25～100	7 000～8 000\直播
蕹　菜	27～32	10～15 千克\直播
萝　卜	62～140	150 克\中果品种\穴播

第三节　苗床的管理

一、出苗期的管理

出苗前,对苗床要注意保温和保湿,盖严苗床薄膜,使棚内温度保持在 30℃～35℃。如果气温较低时,要盖好大棚膜,以提高棚内温度,促进早出苗、出苗整齐。

对于播干籽的苗床,在第五天之后,对于催芽后播种的苗床,在第三天之后,要检查苗床出苗情况。如有种芽顶土出苗时,温度要降低至 25℃～28℃。当出苗 20%～30% 时,要掀去苗床覆盖物,如稻草、薄膜等,并在苗床上撒一薄层细土。如出苗时天气晴好,可以在苗床上洒一次水湿润土壤,促进幼苗扎根。

在出苗过程中,有时会出现幼苗带种壳出苗,俗称"戴帽"的现象,这是由于床土过干、水分不足、覆土太薄和种子太嫩等原因所致。其防止措施如下:苗床浇足底水,播种后盖土 1 厘米厚左右。如发现小苗"戴帽"较多时,可用洒水壶对苗床进行浇水,或者在畦面上撒一层湿润细土,促进幼苗"脱帽"。也可以人工方法将其挑开,使之"脱帽"。

二、间苗与分苗

(一) 间　苗

出苗后,要及时进行间苗,对播种过密的拥挤苗、畸形苗及杂株苗要进行拔除间苗。不打算分苗的,一般可进行两次间苗后定苗、留苗,苗间距 5～6 厘米。

(二) 分　苗

为培育壮苗,可以进行分苗(假植)。分苗苗床的做法同播种苗床,也可以用营养钵进行分苗。分苗应提倡适期早分苗,苗小,根系再生能力强,不易产生徒长。

1. 分苗时期　选择连续 3～5 天内无寒潮的晴天进行,有利于发根成活。低温阴雨天气不宜分苗,否则发根慢,不利于培育壮苗。分苗苗龄为:茄子、辣椒、西红柿在 2～3 叶期,瓜类在子叶平展时进行。

2. 起苗移栽　移植前几小时将苗床浇水,以利于起苗,不伤根,多带土。随时起苗随时栽,尽量不存苗。为减少分苗时棚外运输不便,以及长距离运输对苗子的影响,一般在播种苗床棚内设置分苗床,以方便管理。

3. 分苗规格　茄果类分苗间距为 8～10 厘米见方,瓜类为 10～12 厘米见方。移栽深度较原入土稍深,根系直立,营养钵分苗每钵栽一株。

4. 大小苗分别移栽　分苗时大小苗分开移栽,以利于管理,使幼苗生长均匀。移栽后随即浇水定根,盖好小拱棚闷棚,提升棚内温度,促进发根。

三、分苗床的管理

分苗床的管理时间长,由单一的营养生长转向营养生长和芽分化并进阶段。换言之,芽(叶芽和花芽)的分化在育苗期就已进行。因此,协调其生长是培育壮苗的关键。分苗期的管理,主要分为三个阶段。

(一)缓 苗 期

分苗后植株根系受到一定的伤害,需要一个缓苗阶段(即缓苗期)来恢复植株生长。要对幼苗进行保温保湿,防止植株萎蔫。温度要求:地温为 18℃～22℃,白天棚温保持在28℃～30℃,夜间温度在 20℃。在管理措施上,可以采取覆盖小拱棚闷棚 5 天左右,不通风,保持棚内湿度,使植株不萎蔫,提升棚内温度,促进根系发根。缓苗后,要转入正常的温湿度管理。

(二)旺盛生长期

在旺盛生长期,总的管理要求是:提供适宜的温度、较强的光照、充足的养分和水分,促控结合,稳健生长。

1. 温、湿度管理　幼苗经缓苗后进入旺盛生长期,对温度的要求为:白天为 22℃～30℃,夜间为 12℃～13℃,土温为13℃～15℃。白天棚内小拱棚揭开,多见阳光,促进光合作用,夜间盖好小拱棚。每天坚持早揭膜,晚盖膜。遇寒潮天气,小拱棚上要加盖草帘保温。晴天要坚持每天开棚放风,调节棚内温、湿度。要保持棚膜整洁,增进光温效果。

2. 通风换气　育苗棚内要坚持每天进行通风换气,晴天通风时间宜长,阴雨天通风时间宜短(详见第二章大棚的调控技术)。经常通风换气,可以促使棚内空气流转,排除棚内有害气体。为防止开棚门时扫地风(冷空气)经棚门侵入棚内,降低棚温,可在棚口处离地约 70 厘米处,用薄膜设屏,阻挡冷空气入棚。

3. 肥水管理　保持棚内床土干爽,宁干勿湿,处于半干半湿状态即可,勿使苗床发白。如苗床较干,可选在晴天进行浇水,以湿润土壤为宜。浇水后,要适度通风排湿,然后再关棚。追肥视苗情而定,如发现苗子有缺肥症状时,可用10%腐熟人粪水浇施,或进行叶面施肥,喷施0.3%～0.5%的氮磷钾三元复合肥。施肥原则是"薄施肥水,少吃多餐"。如果出现苗床板结,肥水不易渗入时,可用竹签或铁钉等细长工具松土。

如果采用穴盘基质育苗,可用其专用的营养剂进行喷施,以补充营养。例如台湾农友公司的"壮苗系列"基质育苗,可用其配制的"叶绿精"肥料作追肥,当苗子表现出缺肥症状时,进行喷施,施用浓度为800～1 500倍液,掌握"前稀后浓、循序渐进"的施肥原则,其育苗效果也很好。

4. 病虫害防治　育苗期的病虫害较多,要经常检查病虫害的发生情况。常见的病害有立枯病、猝倒病、炭疽病、灰霉病和早疫病等,虫害主要是蚜虫。要及时进行防治。防治病虫害要以预防为主。即在发病前可结合施肥水,掺入一些广谱性药剂,一并施下。如多菌灵和托布津等,均能起到较好的预防作用。

(三) 炼 苗 期

在移栽前7～10天,要对幼苗进行降温炼苗处理,以提高幼苗定植后的抗逆性。白天气温可降至20℃左右,夜间可降至13℃左右。在炼苗时,温度要逐渐下降,夜间可采用大棚内不覆盖小拱棚的方法来进行炼苗。与此同时,要控制水分的浇灌,并打好送嫁肥和送嫁药。

第四章　茄果类蔬菜栽培

第一节　辣椒栽培

一、概　述

辣椒是一种人们喜爱的重要蔬菜。它营养丰富,每100克可食部分含碳水化合物3~3.8克,蛋白质0.9~2.0克,以及多种氨基酸和人体所需的矿质元素。辣椒果实中含有辣椒素和维生素A,特别是维生素C的含量为各种蔬菜之冠,达到75~185毫克/100克。由于食品的摄入,人体内硝酸盐在胃酸的条件下通过细菌作用,生成亚硝酸盐,再与胺类物质生成亚硝酸胺(强力致癌物质),但是由于有了维生素C的参与,可以阻断硝酸盐向亚硝酸盐的转化。因此,维生素C可以起到防癌、抗癌的作用,特别对消化系统的效果较好。同时,辣椒还可以提炼出辣椒油,是减肥保健品的主要原料。辣椒温中散寒,开胃消食,能增强代谢,具有一定的减肥作用。辣椒可炒食,又可腌渍或晒干,加工成辣椒干、辣椒粉、辣椒酱和辣椒油等调味品。因此,辣椒为国人所推崇。在我国粤港台地区,人们还把辣椒叶作为时尚蔬菜进行消费。吃辣椒的热潮,席卷日本、韩国和美国,以及西欧国家。如今,辣椒已经成为农产品出口创汇的重要商品。

(一) 形态特征

辣椒属茄科辣椒属,在热带和亚热带地区可多年生或为小灌木，在温带地区则为一年生草本植物。辣椒根系细弱，根量少，入土浅。育苗移栽的辣椒，由于主根切断，生长受抑制，根群主要分布在10～20厘米深的土层中，但水平生长的侧根长度可达30～40厘米。根系的木栓化程度高，再生能力弱，茎基部不易产生不定根。因此，宜采用营养钵育苗。

辣椒茎直立，基部常木质化。当主茎生长到一定叶片数后，茎顶端形成花芽，邻近的两个芽呈双杈分枝，也有三杈分枝。每一个分杈处都着生一朵花。以后每个侧枝不断依次分枝着花，果实着生在分枝处。一般而言，早熟品种4～11节分杈生花，中晚熟品种的第一朵花着生在11～15节位。主茎基部各叶节的叶腋均可抽生侧枝，也能开花结果，但比较晚。

辣椒的叶片分为子叶和真叶。幼苗出土后最早出现的两片扁长形的叶子称子叶，以后长出的叶片叫真叶。真叶单叶互生，卵圆形，披针形或椭圆形，先端尖，叶面光滑。

辣椒的花为完全花。有单生花，也有簇生花。花冠为白色，花萼为浅绿色，包在花冠的基部，呈钟状萼筒。花柱比雄蕊长，容易杂交，天然杂交率为10%。辣椒的分枝及花的着生比较有规律，一般将主茎先端第一分杈处着生花的发育果实叫门椒，一次侧枝上着生的果实为对椒，往上依次叫四面斗、八面风和满天星。

辣椒果实为浆果，果实形状有灯笼形、牛角形、羊角形、线形、长短圆锥形和球形等。果面有蜡质光泽、条沟、凹陷或皱褶等。果实的颜色有红色、黄色、褐色和紫色等。近年来，还有颜色各异的"七彩辣椒"，不仅颜色多样，而且营养价值高，受到人们的喜爱。

辣椒的成熟种子，呈短肾形，扁平，浅黄色，有光泽。种子千粒重4.5～8克，种子平均年限为4年，使用寿命为2～3

年。新种有光泽,呈黄褐色,能感觉到有辣味;而陈种子则无光泽,呈深黄褐色,感觉不到辣味。

(二) 对环境条件的要求

辣椒喜温不耐热,耐寒性差,怕霜冻。辣椒整个生长期间的温度范围为 12℃~35℃,对温度的要求介于西红柿和茄子之间。种子发芽的适温为 25℃~30℃,低于 15℃不易发芽。在幼苗期,要求白天温度为 25℃~27℃,夜间为 15℃~20℃。这种温度条件,可使幼苗缓慢健壮生长。进入开花结果期,要求适温为 25℃~28℃,低于 15℃受精不良,引起落花;10℃以下时花药不开裂,全部落花;高于 30℃不利于开花结果。若气温超过 35℃时,辣椒往往不坐果。适宜的温差有利于果实生长,当夜间温度降到 8℃~10℃时,果实也能生长发育。果实的发育和转色期,要求适宜温度为 25℃~30℃。早春大棚内常因温度过低,使果实的发育和转色缓慢。

辣椒属中光性作物,对光周期要求不严格,在日照时数达 10~12 小时条件下,即可正常生长,开花结果;但弱光易引起落花现象。辣椒根系浅弱,对水分要求严格,既不耐旱,也不耐涝。如果田间湿度过大,则易引起辣椒的严重落花。一般要求空气相对湿度为 60%~80%。辣椒对土壤和肥力要求并不严格,中性和微酸性土壤即可种植。地势高燥,排灌良好,土层深厚肥沃的壤土,更有利于辣椒的生长发育和产量的提高。

辣椒的落花、落蕾和落果,对产量影响甚大。在早春栽培中,棚内的高温及低温,会影响辣椒坐果。偏施氮肥或营养不良,田间湿度过大,病虫害防治不及时,也会影响辣椒的坐果以至产量。及时采收商品果,对相继的花芽分化、开花结果和优质高产,有重要作用。

二、栽培技术

（一）品种选择

应选择抗性好，低温结果能力强，早熟，丰产，商品性好的品种进行种植。适合作早春大棚栽培的品种较多，现介绍部分主栽品种，供选择时参考。

1. 丰椒三号 由丰乐种业公司育成。为早中熟品种，生长势中等，始花节位在 10 节左右，果实羊角形，浅绿色至淡黄色，色泽鲜艳，果面光滑。果长 20～22 厘米，横径为 3～3.5 厘米，单果重 45 克左右。味辣而不烈。耐低温，耐运输，对病毒病、炭疽病和疫病抗性强。每 667 平方米产量在 3 500 千克以上。

2. 丰椒二号 中早熟品种，生长势强。始花节位为 10～11 节。果实羊角形，绿色。单果重 45 克左右。果长 20～28 厘米，横径为 2.55 厘米。果肉厚 0.25 厘米，每 667 平方米产量为 4 000 千克。抗热性强，耐运输，适合嗜辣地区种植。

3. 都椒一号 中早熟品种，生长势强。分枝节位为 8～9 节。果实长羊角形，长度为 15～20 厘米，横径为 2.5～2.8 厘米。果皮厚，辣味浓，果面绿色，单果重 25～30 克，每 667 平方米产量为 2 500～4 000 千克。

4. 鸡爪×吉林 早熟品种。始花节位为 8 节。果长 12～14 厘米，横径为 1.5 厘米。果实绿色，细长，辣味中等。较抗疫病。每 667 平方米产量为 3 000～4 000 千克。

5. 超汴椒一号 中早熟品种，抗病毒病。始花节位为 9～11 节。果实为粗牛角形，长 16 厘米，粗 4～5 厘米，单果重 80～110 克。果面光亮，深绿色。果肉厚，辣味适中，耐贮运。每 667 平方米产量为 4 000～5 000 千克。

6. 种都四号 由四川种都种业公司育成。早熟品种。果实粗大,果长 18 厘米,横径为 5 厘米,单果重 110 克,为绿色。果面光亮,果实长大,肉厚,转色后大红色,留红椒效果好。

7. 丰优 B 特早 由川椒种业公司育成。早熟品种。果实粗牛角形,微辣。第一朵花着生节位为 6～7 节,果长 13 厘米,横径为 5.2 厘米,单果重 72 克。嫩果深绿色,抗性较强,每 667 平方米产量为 4 000 千克。

8. 硕椒一号 中早熟品种,耐低温弱光能力强。果实长 13～18 厘米,单果重 60～80 克。果实深绿色,微辣,果皮厚,耐运输。每 667 平方米产量为 4 000 千克。

9. 江淮一号 由江淮园艺研究所选育而成。早熟品种。始花节位为 9～10 节。果实粗牛角形,长 16 厘米,横径为 4～4.5 厘米,单果重 65 克。抗病毒病能力强,长势稳健,一般每 667 平方米产量为 3 000～3 500 千克。

10. 早红四○ 由川椒种业公司育成。特早熟。果实牛角形,微辣。始花节位为 8 节,果长 10～12 厘米,横径为 4.7 厘米,单果重 53 克,一般每 667 平方米产红椒 2 000 千克。是早春大棚栽培留红椒的适宜品种。

11. 彩色辣椒类

(1) 黄欧宝 方形果甜椒,坐果能力强。果实成熟时颜色由绿色变为亮黄色。果实高 10 厘米,宽 9 厘米,平均单果重 150 克。

(2) 橘西亚 果色未成熟时为绿色,成熟时为橘黄色。果形方正,为 10 厘米×10 厘米。门椒着生在 10～11 节,平均单果重 170 克,植株生长旺盛。

(3) 紫贵人 方形甜椒,门椒着生于 10～11 节。果实高

9厘米,宽8厘米。幼果浅绿色,膨大过程中转为紫色,单果重150~200克。

(4) 白公主　门椒着生于11~12节。幼果浅绿色,成熟果先为蜡白色,再转为亮黄色。果形为9厘米×9厘米,单果重150~200克。

(二) 育　苗

早春大棚辣椒育苗,要因设施不同,选择播种适期。可采用竹木塑料大棚、裙式塑料大棚、菱镁大棚或装配式钢管大棚作育苗大棚。

1. 播种方式

(1) 冷床育苗　播种期在10月中旬至11月上旬,2~3叶期在大棚内设置分苗床进行分苗(假植),也可以用营养钵进行分苗。

(2) 利用酿热物温床及电热温床育苗　播种期在11月上旬至下旬,可用营养钵直播育苗。也可在温床上进行直播,然后进行间苗和定苗,按照5~6厘米见方的苗距进行留苗。还可以先将种子播在苗床上,然后再分苗到营养钵中进行育苗。

(3) 穴盘育苗　可用冷床或温床进行直播育苗,比如利用农友公司的壮苗系列作育苗基质育苗(具体方法见第三章)。也可以在穴盘内装入培养土作基质,进行育苗。

(4) 营养块育苗　可将营养块摆放在冷床或温床上,然后进行播种育苗,视苗情长势酌施追肥。

2. 育苗方法　育苗床的准备及种子处理与播种方法,见第三章育苗技术。播种后,盖1厘米厚细土,并用20%移栽灵10毫升对水15升,进行畦面喷雾,可减轻苗床病害,促进发根,大大提高出苗率和壮苗率。然后在畦面上覆盖薄膜保温保湿。当种子顶土出苗时,及时揭去地膜,支设小拱棚。早春育苗期间处于寒冷季节,如遇寒潮天气,要做好防寒保温保苗工作,实行大棚套小棚加草帘等保护措施。晴天棚内温度应维持在28℃左右。当温度高于30℃时,要进行放风换气,调节棚内的温、湿度。特别是要降低大棚四周的地下水位,从而降低棚内的空气湿度和土壤湿度,达到棚内干爽的目的。如遇下雪天气,对育苗棚要及时进行扫雪,以防压垮大棚,并增加棚内的光照。为提高幼苗质量,有条件的农户要尽量采用营养钵或穴盘基质育苗。据作者试验,用营养钵育苗的比一般床土育苗的早期产量增加20%～30%,效果非常明显。

3. 培育壮苗 育苗过程中常出现由于施用肥水过多或播种时间偏早,而造成辣椒幼苗节间过长,不分枝等苗子徒长现象。而此时由于早春气温还低,幼苗还未到定植时期,不能进定植大棚而成为老苗,严重影响辣椒幼苗的质量,也影响了辣椒的早期产量形成。

因此,在生产实际中,要密切关注幼苗的生长情况,防止幼苗徒长,以培育壮苗。解决的办法:一是在苗床上要控制施用肥水的数量和次数;切勿大肥大水。并且以氮、磷、钾肥配合施用为宜,不能偏施氮肥,以促进幼苗稳健生长。二是要严格把握播种期。可根据当地的气候条件和自己的实际经验,对播种期进行适当的微调。若播种过早,由于前期温度高,幼苗生长快,容易产生徒长苗和老化苗。若播种期偏迟,由于气温偏低,影响出苗和发根,使苗子生长缓慢,发棵慢,进而影响早期产量。对于过早或偏迟播种的情况,都要加以防止。三是如果出现幼苗徒长现象,可喷施多效唑进行控苗。视苗子徒长程度决定多效唑的使用量。一般而言,可用20%多效唑6克对水15升,进行喷施,随后观察苗子的抑制程度。如果控苗效果不佳,可再适当增加多效唑的用量,喷施第二次。此项技术主要凭自身的经验来把握。但在操作时必须遵循先稀后浓的原则，切勿一次使用浓度过大，造成控苗过度，影响在大田的发棵生长。实践经验证明，尖椒比泡椒更耐多效唑，在使用多效唑时要切记。移栽前5～7天，要进行降温炼苗，喷施好送嫁肥和送嫁药。

早春大棚辣椒壮苗标准为：叶色青绿，茎秆粗壮，每株具1～3个分枝，带花带蕾，无病虫害。

（三）定　植

1. 定植前的准备　定植之前，要选择土层深厚肥沃，排灌方便，地势高燥，面积相对集中的地块作定植大田。前作不能与辣椒同科，以晚稻田作定植大田较为理想。对所选大田，在入冬前要进行翻耕冻垡，改良土壤。要施足充分腐熟的农家肥，用量为每667平方米3 000～4 000千克，施后进行翻耕细耙，再用生物有机肥150千克、氮磷钾三元复合肥20～30千克作基肥沟施，整地做畦。用竹木简易塑料中棚作定植大棚时，其畦面宽0.75米，窄沟宽0.25米，宽沟宽0.4米，沟深0.25米，一棚套2畦，窄沟在棚内。如利用塑料大棚作定植棚时，畦宽的规格可按当地种植习惯进行做畦。整地后可在畦面喷施芽前除草剂，如96%金都尔60毫升，对水50升，或48%地乐胺150毫升，对水50升，喷施畦面后盖上微膜，关好棚门促进棚温提升，5～7天后移栽。大田整地，要选择晴好天气，土壤干爽时进行，以利于提高土温。最好在定植前15天以上，建好定植大棚，扣好棚膜。

2. 进行定植　待棚内土温稳定在12℃～15℃时，可进行早春辣椒苗定植。定植时间一般在2月下旬到3月上旬，可选择晴天或寒尾暖头天气进行定植。定植时，大小苗要分开栽植，以利于管理。定植的株行距规格为35厘米×40厘米，单株定植,每 667 平方米栽 2 500～2 800 株。有双株定植习惯的地区,定植规格为行距 40～45 厘米,株距 20～25 厘米,一般每 667 平方米栽 4 500 株左右。栽植深度为土面平子叶节,子叶与畦面垂直。这样可使根系向畦的两侧发展,有利于根系的形成。边栽边用土封住栽口。可用 20% 移栽灵 2 000 倍液,进行浇水定根,以促进发根缓苗;也可浇清水定根。但切勿用敌克松溶液浇水定根,以免影响根系生长,延缓发棵。定植后,要及时关闭棚门保温。

（四）田间管理

1. 温、湿度管理 定植后闭门闷棚 5～7 天,不要通风,以提高棚内温度,促进植株发根和缓苗。不通风可防止水分散失,保持棚内湿度,不使植株萎蔫。闭棚时,要用大棚套小拱棚的方式,进行双层覆盖保温,使棚温保持在 30℃～35℃,以加速缓苗。缓苗后开始通风,转入正常的温度管理。

缓苗后,棚内温度应控制在 28℃～30℃;温度超过 30℃时,应及时通风。进入开花坐果期后,棚内温度应降至 20℃～28℃,以利坐果。结果后期,温度可达 30℃～32℃。辣椒定植后气温回升较快,要注意做好棚内温度调控。早春季节气候多变,晴天容易造成棚内温度过高,有时甚至达到 35℃～40℃ 以上。开花期遇上高温,易造成落果严重,使前期挂果少,失去早春早熟栽培的意义。与此同时,由于早期挂果少,会导致植株徒长,而徒长苗又更难挂住果,造成挂果少植株又徒长的恶性循环。因此,大棚内的温度调控是否合理,对早期产量关系甚大。一般晴天上午,应将大棚两头揭开放风,或打开裙式放风口,进行放风。气温高时要加大放风口。下午 4 时许,要关闭棚门保温。遇到寒冷天气,要采用双层薄膜覆盖加草帘进行保温。当棚外夜间气温高于 15℃ 时,大棚内小拱棚膜可揭去。到立夏前后时,可揭去大棚膜。

棚内湿度可以通过开启棚门放风来进行调节,以降低棚内的空气相对湿度。同时,要保持棚膜清洁,增加棚内光照,促进辣椒的生长。

2. 肥水管理 要避免前期大肥大水,造成植株徒长。一般而言,挂果前追施肥水不宜太多。可酌施提苗肥,用0.5%～1%复合肥,追肥1～2次,促进苗架形成。待每株辣椒坐稳4～5个果后,可重施肥水,促进果实生长和挂果,每667平方米可用10～15千克复合肥加尿素5千克,进行追肥。以后,视苗情和挂果量,酌情进行追肥。同时可进行根施微肥,用硫酸锌0.5～1.0千克、加磷酸二氢钾1.5千克、加硼砂0.5～1.0千克,进行根施。进入结果盛期,花量大,可进行叶面喷肥,促进开花结果。因此,在追肥时,切勿在挂果前重施肥水,以免引起植株徒长,难以坐果。这也是常常造成早春栽培前期产量低的原因之一。

辣椒定植后,时令进入春季,雨水增多。这时,在大棚四周要清沟排渍,做到田干地爽,雨停沟干,降低棚内湿度,更不能使棚内存有余水。当棚内干旱时,要进行灌水保湿,有条件的可用滴灌进行浇水。滴灌不仅节约用水,还可以降低棚内湿度,减轻病虫害的发生。灌水时,可行沟灌,其方法是灌半沟水,让其慢慢渗入土中,以形成土面仍为白色、土中已湿润状态为佳。若土面也湿透,则灌水过度。切勿灌满沟水,以免造成湿度过大,诱发病害。下雨天,棚内不要浇水、灌水。

3. 植株调整 植株调整,是辣椒获得早熟高产的一项关键技术。植株调整的作用,主要在于改善植株的养分分配状况;保证果实发育的养分需要;改善田间通风状况,降低田间湿度,减轻病虫害的发生。田间过于郁闭,则易引起疫病的大发生,甚至造成毁灭性的损失。通过植株整理,可提早挂果,争取早期产量,达到均衡增产的目的。在生产实际中,菜农往往不注重植株调整,辣椒门椒以下分枝过多,削弱了植株的尖端生长势,造成挂果少,优果率低,影响了种植的效益。植株调整的方法是:当门椒以下的分枝长到4～6厘米时,将分枝全部抹去,并摘除门椒。植株调整的时间不能过早。过早,会影响地上部分和地下部分的协调生长,不利于植株发棵;过迟,则分枝粗大,打枝比较困难,而且难以下决心。

4. 其它管理 当植株苗高达到30～40厘米时,用小竹竿(片)或小木棍进行扶篱以固定植株。也可在每畦辣椒两头的两个角上及中间位置,打木桩拉上绳子进行植株扶篱,固定苗架。如发现畦面上覆盖的地膜被杂草抬起时,要及时用泥块将膜压下,防止杂草将膜顶破,巩固防草的效果。

(五)采 收

4月底至5月初,辣椒植株进入青椒采收期。青椒采摘要做到早采、勤采、及时采,以促进辣椒的后续挂果。若采收红椒,当青椒达到青紫色时,可用40%乙烯利10毫升,对水15升,配成药液,用小喷雾器将药液喷于辣椒果实上进行催红。采收红椒上市的效益,一般比采青椒要高,菜农大多都愿意采收红椒上市。

(六)早春大棚辣椒的越夏栽培

早春大棚辣椒的上市期,一般为4月下旬至7月初,此后即进行收园。但在7～8月份,由于气温高,往往也是辣椒供应上的一个淡季,辣椒的市场价格高。因此,在早春栽培中继续加强管理,进行早辣椒的越夏栽培,使辣椒的采摘期延迟到8月份,具有较高的经济效益。越夏栽培宿留辣椒植株,时间短,成本低,一般每667平方米可采摘辣椒750～1 000千克,

收入1 500～2 000元。这是提高早春大棚辣椒收入的重要途径。越夏栽培的主要栽培技术要点如下:

第一,拟作越夏栽培的辣椒田块,不需要掀去大棚膜,并将棚两边的薄膜掀起至棚腰,进行通风降温。进入6月份以后,有条件的可在大棚顶上加盖遮阳网,以达到降温、弱光的目的。

第二,进行辣椒品种选择时,不仅要考虑到早春栽培中品种的耐寒性,而且还要兼顾品种的耐热性,即品种的抗逆性要强。

第三,要做好病虫害的防治工作,保证基本苗。在辣椒中后期追施肥水,即在6月中下旬要追施肥料,每667平方米用量为复合肥20～30千克加尿素5千克,以后视苗情及挂果量情况,追肥1～2次。结合进行叶面追肥,确保肥水的足够供应。

(七) 彩色辣椒的栽培要点

彩色辣椒的栽培,可以参照一般辣椒栽培进行,但在技术上还要把握以下几点:

第一,采用营养钵育苗,栽培密度为每平方米栽3～4株,约合每667平方米1 600～1 800株,每畦栽一行。

第二,对温度要严加控制,开花授粉期间温度不能超过28℃。否则,坐果困难,即使坐了果也是畸形果。因此,在选择播种期时,要充分考虑到开花授粉期的温度环境条件。

第三,要合理修剪植株。彩椒植株高大,要及时修剪整枝,一般每株留两个枝结果。方法是从门椒开始,选两个强枝留果,并一直保持两个枝结果。其余侧枝和叶片要抹去,并将植株固定好,以防倒伏。从门椒开始,连续三个节不留果,从第四节开始留果。同时,要加强肥水管理,促进果实的生长发育。

三、主要病虫害防治

辣椒及茄果类蔬菜的病虫害较多,同一种病虫害,其症状与发生条件和防治方法基本相近。要坚持以农业防治为主,进行综合防治。常见的病虫害及其防治方法如下:

(一)猝倒病

为辣椒苗期重要的病害,表现为烂种、烂芽和猝倒。幼苗出土后,子叶基部受病菌侵染,呈水渍状,基部像开水烫过似的,逐渐失水变细,缢缩呈线状而倒伏,但子叶在短期内仍保持绿色。此病一旦发生,蔓延非常迅速,造成幼苗成片死亡。苗床湿度大时,病苗及附近床面上可常见到一层白色棉絮状菌丝,因而区别于立枯病。

发病条件:高温,高湿,秧苗拥挤,光照不足而发病。苗床低温,高湿,幼苗长势弱,易发病。

防治办法:①建立无病苗床,选用新土作床土。对苗床进行消毒,每平方米用根腐灵 5～8 克,加培养土拌匀后,将 2/3 的量用于播种前垫床面,其余 1/3 用作播后盖籽。②也可以在盖籽后,用 20% 移栽灵 10 毫升,对水 15 升,配制药液,进行喷雾,可起到预防的效果。③加强苗期管理,及时通风和间苗,适当控制浇水。④药剂防治:用 75% 达科宁 600 倍液喷雾,或 53% 金雷多米尔 500～700 倍液喷雾,或 95% 绿亨一号 3 000 倍液喷雾,或 20% 移栽灵 10 毫升对水 15 升后喷雾等。

(二)立枯病

该病危害茎基部,发病初期病苗白天萎蔫,晚上可恢复。发生椭圆形病斑绕茎一周,皮层变色腐烂,明显凹陷,干枯变细,最后整株枯死,苗直立而枯。湿度大时,病株上可见淡褐色蛛丝霉状物。

发病条件：通过水流和农具传播。病菌发育适温为24℃，最高为40℃~42℃，最低为13℃~15℃。播种过密，间苗不及时，温度过高，易诱发此病害。

防治办法：加强苗期管理，防止出现高温高湿现象。其它防治方法同猝倒病。

（三）疫　病

疫病是辣椒的重要病害之一。早春季节长江流域雨水多，该病发病周期短，蔓延速度快，毁灭性大。病害发生时，一般减产30％左右，严重时减少80％以上，甚至绝收。苗期发病，茎基部呈暗绿色水浸状，以后变为梭形大斑。病部缢缩呈黑褐色，茎叶急速萎蔫死亡。苗期多在叶尖或顶芽上产生暗褐色水渍状病斑，引起叶尖的顶芽腐烂，而形成无顶苗，甚至烂至苗床土面。根部受害后变成黑褐色，整株枯萎死亡。茎部多在分枝处发病。叶片发病多发生于叶尖和叶缘，然后软腐枯死，成湿腐状。

发病条件：发病适温为25℃~30℃，适宜相对湿度为85％以上。在长江流域的田间，一般5月中旬后开始发病，6月份至7月上旬为流行高峰期。高温高湿加重发病。

防治办法：①实行轮作，避免与瓜类、茄果类蔬菜连作。有条件的可以进行水旱轮作等。②加强田间管理，采用深沟高畦栽培，注意田间排渍，选择高燥地块种植。③清洁田园，将病株进行集中烧毁处理等。④药剂防治：棚内可用45％百菌清烟雾剂防治，每立方米大棚体积用0.3克点燃熏蒸，或用70％代森锰锌600倍液喷雾，或用53％金雷多米尔600倍液喷雾，或用64％杀毒矾600倍液喷雾等。

（四）灰　霉　病

灰霉病，是辣椒苗期和大棚内常发生的病害之一。幼苗多发生在叶尖上,由叶缘向内呈"V"字形扩展,并呈水渍状腐烂,引起叶片枯死,表面生少量霉层,病部产生灰色霉状物。也可引起花、幼果腐烂,滋生灰色霉层。

发病条件:病菌发育适温为23℃,最低为20℃,最高为31℃,空气相对湿度在90%以上时有利于发病。苗床和冬春大棚温度低、湿度大时,棚内栽培的辣椒易发病。

防治方法:①加强大棚通风,降低空气湿度。②清除田间病残枝叶,进行烧毁。③药剂防治:每立方米(按大棚体积计算)大棚容积,用45%百菌清烟雾剂0.3克,点燃熏蒸,或用20%灰霉立克500倍液喷雾,或50%扑海因可湿性粉剂1 000倍液喷雾。

(五)炭疽病

辣椒叶片被害多发生于老叶上,初时产生褪绿水渍状斑点,后变为褐色。后期病斑上产生轮状排列的小黑点。老熟果被害,呈不规则褐色,病部下陷,病斑出现同心轮纹,生有黑色或橙红色小粒点。

发病条件:借风雨、昆虫传播。温度为27℃左右,空气相对湿度为95%以上时,病情发展快。相对湿度低于70%时不利于发病。即高温多雨季节发病重。

防治办法:①注意合理密植。②其它农业防治措施同疫病。③药剂防治:用10%世高1 000~1 500倍液,或75%达科宁500倍液喷雾。

(六)病毒病

病株表现为花叶、黄化、坏死和畸形四大症状。花叶:叶片出现黄绿相间的斑驳,叶脉皱缩畸形扭曲;黄化:从嫩尖幼叶开始变黄,叶片变黄脱落;坏死:植株上出现条斑、枯顶、坏死斑驳和环斑等;畸形:植株变形,矮小,叶片呈线状、蕨叶状和丛生状等。

发病规律：主要为黄瓜花叶病毒和烟草花叶病毒引起。病毒的寄主范围很广，由蚜虫传播。高温干旱，日照过强，辣椒的抗病性降低，以及蚜虫发生量大时，均有利于病害的发生。长江流域6月上旬始发病，6月下旬到8月份，为发病高峰期。

防治办法：①选用抗病品种。②进行种子消毒，用10%的磷酸三钠溶液浸种20~30分钟，进行消毒。③及时防治蚜虫，切断传播源。④可用防虫网或银灰色遮阳网进行覆盖。⑤发病初期，可用药剂防治，缓解症状。可用20%毒尽600倍液，或病毒杀星3 000倍液，加微量元素叶面肥，进行喷施。

（七）青枯病

青枯病，又名细菌性枯萎病。一般在开花结果的成株期表现症状，病株从顶部叶片或个别枝条开始萎蔫。初期，在早晚可恢复。以后自上而下全部萎蔫，叶片不脱落，保持青绿色，故名"青枯"。

发病条件：病菌从根部和伤口入侵，在茎部维管束中迅速繁殖，堵塞导管，所以叶片萎蔫。当土温为20℃~25℃，气温为30℃~37℃时，田间易出现发病高峰。尤其是久雨或大雨后骤晴，温度回升快，湿度大时，发病严重，易造成流行。

防治办法：①选用抗病品种，实行轮作。②深沟高畦栽培。③及时拔除病株并用生石灰消毒。④发病初期可用72%农用链霉素4 000倍液喷雾，连喷2~3次，每隔7~10天喷一次。

（八）小地老虎

其幼虫3龄前昼夜取食嫩叶。4龄以后幼虫白天潜伏在浅土中，夜间出来为害，将辣椒幼苗近地面的茎咬断，使整株死亡,造成缺苗断垄。喜欢温暖潮湿的条件,以老熟幼虫、蛹及成虫越冬。

防治办法:在1～3龄前用药效果好。可用灭杀毙8 000倍液,或2.5%溴氰菊酯3 000倍液,或2.5%功夫水乳剂1 500倍液,进行喷雾防治。

(九) 烟青虫

危害青椒,以幼虫蛀食花蕾、花朵和果实,也食害嫩茎、叶和芽。果实被蛀后引起腐烂,大量落果。1～2龄幼虫蛀食花蕾,3龄幼虫可蛀果6～7个。

防治方法:防治适期,第一代为6月上中旬,此时的烟青虫幼虫危害早春辣椒;第二、第三代发生量大,防治适期为7月中旬至8月下旬。选下午至傍晚,用药于幼嫩部位。对初龄幼虫蛀果前喷药效果好,用2.5%功夫水乳剂1 500倍液,或1.5%蛾英宝1 500倍液,于早晚喷雾。

(十) 棉铃虫

初孵幼虫取食嫩叶尖及小花蕾,2～3龄开始蛀害蕾、花和果实。4龄后频繁转果蛀食。一头虫可危害3～5个果。

防治办法:用5%抑太保或5%卡死克2 000倍液、或2.5%功夫水乳剂1 500倍液,进行喷治。

(十一)斜纹夜蛾

斜纹夜蛾的幼虫取食辣椒叶片与花,并蛀果。初孵幼虫群集在卵块附近取食,2龄后开始分散,4龄后进入暴食期。幼虫多在傍晚出来寻食为害。7～9月份发生最严重。

采用药剂防治,用保尔1 000倍液,或美除1 500倍液加高金增效灵,于下午4时后进行喷治,或用5%抑太保,或5%卡死克2 000倍液,进行喷杀防治。

（十二）蚜　虫

蚜虫分有翅蚜虫和无翅蚜虫两种。蚜虫以成虫或若虫寄生在叶片上刺吸汁液,造成叶片变黄并卷缩。该虫可传播多种病毒。温暖干燥条件,有利于蚜虫繁殖。5月下旬至6月上旬,7月份至8月上旬,是两个发生高峰期。

防治办法:①清除田间杂草,减少蚜虫的虫源基数。②用银灰色地膜覆盖畦面,或用银灰色遮阳网覆盖大棚,以驱避蚜虫。③用防虫网覆盖大棚减少入侵虫源。④药剂防治:用2.5％阿克泰1 500倍液,在移栽前3天进行苗床灌根,或用7 500倍液喷雾;或11％蓟清特1 500倍液喷雾防治。⑤黄色板诱杀。每667平方米悬挂25厘米×40厘米的涂有机油的黄色板30~40块,诱杀蚜虫。

（十三）蓟　马

在早春辣椒栽培中,蓟马近年来发生较重。蓟马成虫具有向上、喜嫩绿的习性,以成虫和若虫锉吸心叶、花和幼果的汁液。使生长点萎缩,嫩叶扭曲,幼果受害后发生畸形,并引起落果。气温25℃和相对湿度60％以下时,有利于它的发生,即温暖干旱天气有利于发生。

采用药剂防治,用2.5％溴氰菊酯2 000倍液,进行喷治。

第二节　茄子栽培

一、概　述

茄子起源于亚洲东南部的印度及其邻近热带地区。现今印度还有茄子的野生种以及近缘种。我国已有1 500~1 600年的茄子栽培历史,南北方均有大面积栽培。茄子在蔬菜生产中占有重要位置。茄子以浆果供食。每 100 克茄子可食部分,含碳水化合物 3.1 克,蛋白质 2.3 克,粗纤维 0.7 克,钙 17～22 毫克,磷 22～31 毫克,以及多种矿质元素和氨基酸。特别是茄子含有丰富的维生素 P,其鲜果中含量达 700 毫克/100 克,为果蔬类含量之冠。维生素 P 具有增加毛细血管弹性和细胞间的粘力的作用,能防止微血管破裂。茄子中特有的维生素 D,可以降低血液中的胆固醇含量,防止体内的动脉硬化。同时,还具有增强肝脏生理功能的作用。

(一) 形态特征

茄子属茄科茄属。茄子根系发达,成株根深可达 1.3 米以上,但根群主要分布在 30 厘米的耕作层内。茄子根系木质化较早,再生能力不强,所以不宜多次移植。

茄子茎直立。幼苗时茎为草质,以后逐渐开始木质化,特别是下部茎木质化程度高。叶互生,单叶,具叶柄。叶片大,椭圆形、倒卵圆形或圆形兼有。叶缘呈波浪状,叶面粗糙有毛,叶脉和叶柄有刺。

花为紫色或白色,单生,也有 2～3 朵簇生的,但簇生花一般只有基部的一朵花坐果,其它花往往脱落。早熟品种主茎生长 6～8 片真叶后着生第一朵花或花序;中晚熟品种主茎长出 8～9 片真叶后着生第一朵花,以后每隔两片叶着生一朵花。茄子的开花结果习性规律性好,当着生第一朵花后,在花下主茎相邻两个叶腋,各抽生一个侧枝代替主茎生长,两侧枝长势相当,分杈成"丫"字形。在侧枝上生长 2～3 片叶后,又各自形成一朵花。依此类推。从第一朵花结的果开始,依次分别称为门茄、对茄、四面斗、八面风,以至满天星。茄子一般为自花授粉,每天授粉时间为 7～10 小时。阴天则在下午授粉。茄子的花分为三种,即长柱花、中柱花和短柱花。其中长柱花和中柱花为健全花,短柱花为不健全花。

茄果有圆球形、扁圆形、长条形、棒形及倒卵圆形等形状。果色有紫色、白色和青色,而以紫红色最为普遍。种子扁肾形,表面光滑,呈黄色。千粒重 4~5 克,种子使用年限为 2~3 年。种子成熟比果实晚。授粉后 40 天,种子具有发芽能力。种子完全成熟约需 50~60 天。所以种子需要后熟过程。

(二) 对环境条件的要求

茄子喜温怕霜,较耐热和耐湿。茄子生长发育的适宜温度为 20℃～30℃,结果期的适宜温度为 25℃～30℃,高于 35℃和低于 17℃时,其植株生长势明显减弱,落花落果现象严重。如夜间温度低于 15℃时,往往果实发育不良,膨大缓慢。在早春栽培中,要注意棚内的保温增温措施,提高棚内温度,促进果实膨大和产量的形成。

茄子各生育期对温度的具体要求是,种子发芽的适温为 25℃～30℃,发芽最低温度为 11℃～18℃;苗期白天的适温为 20℃～25℃,夜间 15℃～20℃为宜。温度对花芽分化影响较大,夜温高于 30℃时,短柱花多;夜温在 24℃时,所形成的花大部分为长柱花,少数为中柱花;夜温 17℃时第一朵花全为长柱花,而且节位低。结果期白天温度高于 35℃或低于 20℃以下时,结果不良。可见,调控好棚内的温度,对茄子产量的形成至关重要。

日照时间的长短,对茄子生长发育影响不大,但对光照强度要求较高。因此,要尽量提高大棚的透光率。茄子株型高大,结果量多,多次采收对肥水需求较多,加上茄子的耐旱力差,因此,要选择土层深厚、肥沃、排灌条件良好的砂质土壤进行栽培。茄子每生产 1 000 千克果实,需吸收氮 3 千克、磷 0.64 千克、钾 5.5 千克、钙 4.4 千克。充足的养分供应,是获取茄子丰产的前提。

二、栽培技术

（一）品种选择

在进行早春茄子品种选择时，由于茄子的耐寒能力比辣椒、西红柿弱，因而应尽量选择耐寒性较强、耐弱光、早熟丰产的品种进行种植。同时，还应考虑消费习惯对茄子果实性状的要求。如果肉有白色和青绿色之分；果色有青色、紫红色、白色和绿色等区别；形状有球形、长条形或短棒形之分，这些都要根据当地消费习惯问题来选择，依此决定市场需求量。

1. 苏崎茄　为中早熟品种，株高 110 厘米。门茄节位为9～11节。商品果黑紫色，长棒形，果长为 27～30 厘米，果径为 3.8～4.5 厘米，单果重 120～150 克，皮薄籽少、品质佳，每667 平方米产量为 4 000～5 000 千克。

2. 湘早茄　为极早熟品种。开展度为 53 厘米，株型紧凑。门茄节位为 6～8 节。果实长卵圆形，外皮紫黑色，果肉白绿色，单果重 200 克左右，每 667 平方米产量为 4 000～5 000 千克。

3. 杭州红茄　为早熟品种。株高 50 厘米，开张度为 45厘米×45 厘米，株型中等。分枝能力强，门茄着生节位为 8～10 节。果实线条形，长 30 厘米，单果重 75 克左右，果皮淡紫红色，果肉白色，肉质柔嫩。

4. 湘茄一号　由湖南省常德市蔬菜研究所育成。极早熟。果实长棒形，果皮紫红色，果肉乳白色。植株长势强，株高 90 厘米，开展度为 90 厘米。果实横径为 5～6 厘米，单果重 150～200 克，每 667 平方米产量为 3 000 千克。

5. 华茄一号　由华中农业大学园艺系育成。第一朵花着生于第六节,极早熟。分枝力强,坐果率高。果实长棒形,长 25 厘米,横径为 4 厘米,单果重 110 克左右,果面光滑紫色,有光泽。较耐弱光,耐涝性较强,从定植到采收需 40～42 天,每 667 平方米产量为 2 500～3 000 千克。

6. 湘杂 2 号 由湖南省蔬菜研究所育成。半直立,株型结构较紧凑,适于早熟密植栽培。耐寒、耐涝性强。主茎 8～9 节着生第一朵花。果实长条形,果皮紫红色,光泽好,果肉白色。果长 23 厘米左右,横径 4 厘米,单果重 150 克左右,每 667 平方米产量为 2 500～3 000 千克。

7. 渝早茄一号 由重庆市农业科学研究所育成。早熟,生长势强,分枝节位低。第一朵花着生节位为 9～11 节。果实棒形,果长 21 厘米,横径 4.7 厘米,果皮黑紫色,果肉浅绿色。平均单果重 150～200 克,定植后 40～45 天收获,每 667 平方米产量为 3 000 千克左右。

此外还有,南京紫长茄和万吨早茄等品种,均表现较好。

(二) 育 苗

早春茄子育苗,如采用冷床,可在 10 月下旬至 11 月下旬播种;采用酿热物温床育苗,可在 11 月中旬到 12 月上旬播种;采用电热温床育苗,播种期可推迟到元月中旬至 2 月上旬。育苗大棚设施的选择与建造,见第二章有关内容。茄子的育苗方法,可参照辣椒育苗技术进行。茄子对温度的要求较辣椒、西红柿高。在出苗期,白天棚内温度应保持在 25℃～30℃,夜间降至 20℃左右,土温维持在 16℃左右。当棚内 70% 幼苗出土时,要揭去畦面上的覆盖物,白天温度应降至 26℃左右,夜间应降至 15℃～18℃。待子叶展开后,及时进行间苗。

当茄子幼苗长到 2～3 片真叶时,进行分苗假植。可将苗子分苗到假植苗床上,或上口径为 8～10 厘米的营养钵中,或 50 孔的育苗穴盘中。如分苗到假植苗床上时,要预先配制好营养土,做好假植苗床,分苗时选择晴好天气进行,以利于缓苗。分苗时用铲取苗,边取苗边栽边浇水定根,并加强分苗棚的增温保温措施。茄子分苗后,有 5～7 天的缓苗期。在此期间,白天棚温应维持在 26℃～30℃,夜间保持在 16℃～20℃,晚上用小拱棚保温促缓苗。此时一般不通风,以保持较高的空气湿度,防止幼苗萎蔫。当幼苗心叶发生时,表明缓苗结束,可以适当降温,加大通风,并进入正常的温度管理。幼苗期一般不追施肥水。如缺肥或苗床较干,可用稀薄肥水追施。如用 0.5% 的复合肥水进行畦面浇施,可保持营养钵或苗床湿润,浇水后应适当通风排湿。移栽前 7 天,要进行降温炼苗。当幼苗开展度大于苗高,有 7～8 片叶,且第一花蕾大部分出现时,可以进行定植。

(三) 茄子苗嫁接技术

进行茄子嫁接,可以大大提高其抗病能力,克服茄子连作的障碍因子,提高产量和品质。近年来,早春茄子进行嫁接栽培,大大提高了茄子的产量,满足了春淡市场的供应,综合效益好。利用托鲁巴姆作砧木嫁接早春茄子,方法简便,效果好。早春栽培的茄子,一直可采收到初霜期,每 667 平方米产量达到 7 500 千克,克服了以往茄子常规栽培中,一年栽植两季即春茄和秋茄的弊端,节本省工,大大提高了种植效益。

1. 培养砧木和接穗幼苗 以选用托鲁巴姆作砧木为佳。砧木苗培育所需的苗床、营养土、营养钵或育苗穴盘,以及播种方法和栽培品种(接穗),与茄子相同。在 8 月下旬到 9 月初进行砧木播种。由于砧木种子在休眠期发芽困难,因而对砧木种子需进行种子处理才能发芽。处理方法是:①变温催芽法。用小布袋装种子,用清水浸泡 48 小时后,放入恒温箱内,温度开始调到 20℃ 处理 16 小时,再调到 30℃ 处理 8 小时。每日反复变温两次,并且每天用清水清洗种子一次,约 8 天后开始发芽,10～12 天后芽子基本出齐。当芽子长出 1～2 毫米时播种。②赤霉素(920)处理催芽法。将包好的种子用 100～200 毫克/升浓度的赤霉素浸泡 24 小时。取出种子后用清水洗净,再用清水浸泡 24 小时。然后按照上述方法进行变温催芽即可。一般 4～5 天后可以出芽。目前,绝大多数农户采用后一种方法。砧木种子催好芽后,将其均匀地播种在苗床上,盖上地膜,3～5 天后砧木苗出齐后,揭去地膜。接穗播种要比砧木晚 25 天左右,约在砧木苗长出 1 片真叶后播种。当砧木和接穗长到 2～3 片真叶时分苗,砧木移入营养钵(穴)内。接穗移入苗床内,行株距为 7～8 厘米。

2. 进行嫁接 茄子嫁接的方法有劈接法、斜接法及靠接法。大多数采用劈接法。操作方法如下:当砧木苗长到 5～7 片叶,粗度约为 0.5～0.6 厘米时,在离地面约 6 厘米高处,于下部留两片叶后,用刀片平切掉上部,一刀成形。然后由切口处沿茎中心线,向下切开 1～1.5 厘米深。在接穗粗 0.3～0.4 厘米处,留上部 2～3 片真叶,用刀片切掉下部,把上部接穗的切口削成楔形,斜面长 1～1.5 厘米,与砧木切口相当。然后将其插入砧木切口中,对齐后用嫁接夹子固定。接后将苗子移入小拱棚内,用 60% 遮光率的遮阳网单层遮光一周,并且不通风,保持白天温度在 25℃～28℃,夜间温度为 20℃～22℃。接口愈合后,揭去遮阳物,小揭小拱棚两头。完全成活后转入正常管理,及时抹去砧木上的侧枝,去掉嫁接夹子。

当嫁接苗见花蕾时,即可定植到大棚内。如果采用长季节露地栽培(即定植后一直采收到初霜期),其定植时间以在3月下旬为宜。其嫁接用砧木种子的播种期,可推迟到9月中旬,接穗播种期等管理措施均相应顺延。定植大田的准备同茄子栽培。栽培密度,行株距为0.7米×0.6米,每667平方米栽1 400株左右。定植时,嫁接口位置要高于地面。由于嫁接苗株形高大,挂果多,每株茄苗应插一根1米左右高的小竹竿,扶篱植株,进行护苗。其它管理措施同茄子。

(四)定　植

用塑料大棚进行定植,定植时要尽量选择3年未种过茄果类蔬菜的田块,以实行水旱轮作田块为最佳。要施足充分腐熟的农家肥,用量为3 000～4 000千克/667平方米,撒施后翻耕。然后每667平方米用生物有机肥100千克、磷肥50千克、枯饼40～50千克、复合肥20～30千克,沟施于畦中央。接着进行整地做畦,畦宽(包沟)1.1～1.2米,畦高25～30厘米。畦做好以后,盖上微膜。当秧苗长至8片叶左右,大部分已现花蕾时,进行定植。定植的株行距规格为40厘米×60厘米,每667平方米定植2 200～2 500株。定植时,要选择晴天进行,边栽边浇水定根,盖好棚膜,关好棚门,密闭保温,促进缓苗。

(五)田间管理

定植初期,可适当保持较高的棚内温度,一般白天为25℃～30℃,夜间应不低于16℃,以促进缓苗。心叶开始生长时,表明已经缓苗,此时要适当通风降温,并转入正常的温度管理,使白天温度为 20℃～30℃,阴天为 20℃以上,夜间最低温度在 10℃～13℃。

定植活棵后,要追肥 1～2 次,以便搭起丰产苗架。但要注意防止植株徒长,可根据苗情控制肥水的施入。当门茄 3～4 厘米大小时,即门茄"瞪眼"前,一般不施肥水。当门茄"瞪眼"后,果实生长迅速,要开始追施肥水,促进膨大,每 667 平方米用量为复合肥 15 千克左右,进行浇施。门茄采收一两次后,进入旺盛生长期,应适当增加追肥,每 667 平方米用量为尿素 10 千克或复合肥 15～20 千克,以确保中后期不早衰。追肥的次数与用量,视苗情而定。

早春栽培茄子,处于低温阶段,对坐果不利。为提高茄子产量,可以采取保花保果措施,这也是早春栽培茄子获得高产的关键措施之一。其方法有:①用浓度为 20～30 毫克/升 2,4-D 溶液涂抹花柄。为防止重复涂抹同一朵花,可在 2,4-D 溶液中加入少量颜色素(如红墨水或墨汁等)做好标记。②用防落素(番茄灵)30～40 毫克/升溶液,在茄子开花前后 2 天,用小喷壶进行喷花,注意不要重复喷花,以选择晴天上午无露水时进行为好。

要进行植株的调整。茄子可采用三秆整枝或双秆整枝。进行双秆整枝时,仅留主枝和第一花序下第一叶腋的一个较强的侧枝,将其余侧枝全部打掉。进行三秆整枝时,除保留主茎外,再保留第一花序下面两个较强的侧枝,将其余的侧枝全部抹去。在生产上,可根据栽培的品种及密度来选择整枝方法。早熟品种,栽培密度相对较大时,一般可采用三秆整枝。中熟品种长势强劲,宜采用双秆整枝法。门茄采收后,应将以下的枝叶全部去掉;对茄采收后,也应去掉以下的老叶和黄叶等,并用小竹竿或小木棍扶立植株,或用塑料绳吊栽,以固定苗架。

(六)适期采收

茄子是多次采收嫩果的蔬菜。采收过迟,皮厚,籽多,品质下降。及时采收达到商品成熟的果实,可以提高其产量和品质。其采收标准是:紫色和红色的茄子,根据宿留萼片上花色素的白色的宽窄来判定。白色素越宽,说明果实越嫩;若无白色间隙,说明果实已变老,降低了食用价值。

三、病虫害防治

茄子的病虫害较多。猝倒病、立枯病、疫病、青枯病、灰霉病、病毒病、蚜虫、小地老虎和棉铃虫等,都可以危害茄子。其危害症状和发生规律,大致与辣椒相同,防治办法可参照辣椒进行。除此之外,还要注意做好以下几种病虫害的防治工作:

(一)绵疫病

该病主要危害果实、叶、茎和花器等器官。近地面果实先发病。初时为水浸状圆形斑,稍凹陷。湿度大时,病部表面长出茂密的白色棉絮状菌丝,病果落地很快腐烂。茎部发病,初呈水浸状,后变暗绿色或紫褐色。病部缢缩,其上部枝叶萎蔫下垂。幼苗发病引起猝倒。

适宜病菌生长的温度为30℃,相对湿度为85%。高温多雨,湿度大,容易造成病害的流行。特别是在大棚撤去后,遇上降水时易引起发病。

防治办法:①进行与非茄果类蔬菜的轮作。②加强大棚管理,注意通风和排渍。③药剂防治:可用40%乙膦铝300～400倍液,或65%代森锰锌500倍液,或75%百菌清500～

800 倍液,每隔 7~10 天喷一次,连喷 2~3 次。

(二) 褐纹病

该病主要危害叶、茎及果实。病苗茎部出现褐色凹陷斑而枯死。病叶初生灰白色小点,后扩大成圆形至多角形斑,表面产生黑色小粒点。老病斑中央为灰白色,产生轮纹,易穿孔。果实发病产生褐色圆形凹陷斑,长出黑色小粒点,排列成轮纹状。病果落地或留在枝干上成干腐状僵果。本病的主要特征就是在病部产生黑色小粒点。

适宜的发病条件:气温为 28℃～30℃,相对湿度高于 80%,持续时间长,有利于病害的发生和发展。

防治办法:①实行轮作,选用抗病品种,苗床消毒。②药剂防治:用 65%代森锰锌 500 倍液,或 75%百菌清 600 倍液,或 50%扑海因可湿性粉剂 1 500 倍液,每隔 7~10 天喷一次,连续喷三次。也可用"一熏灵"烟雾剂,闭棚熏蒸 1~2 次,一并防治褐纹病和绵疫病。

(三) 红 蜘 蛛

以成螨或若螨在叶背吸食汁液。被害叶片初期出现灰白色小点,后叶面变为灰白色或枯黄色细斑,严重时叶片枯萎,略带红色,干枯掉落,似火烧状。高温干旱天气最适宜红蜘蛛的繁殖,但气温在 34℃以上和降雨多时,其繁殖受抑制。

防治办法:清除田边杂草,将病株枝叶残体等烧毁。药剂防治:可用 2.5%天王星乳油或尼索朗乳油 3 000~4 000 倍液,或 21%灭杀毙乳油 2 000~4 000 倍液,或 5%卡死克乳油 2 000 倍液,进行喷雾。每 10 天喷一次,连续喷 2~3 次。

(四) 茶 黄 螨

茶黄螨以成螨和若螨,集中在茄子的幼嫩部位刺吸汁液为害。受害叶片背面呈灰褐色或黄褐色,具有油质光泽或者呈油渍状,叶缘向下卷曲。嫩茎、嫩枝受害变为黄褐色,扭曲畸形。严重时顶部干枯。果实受害后变为黄褐色,丧失光泽,木栓化,果实龟裂,种子外露,不堪食用。

茶黄螨发育繁殖的最适温度为 16℃～23℃,相对湿度为80%～90%。因此,温暖多湿的环境条件,有利于茶黄螨的发生。

防治办法:药剂防治,用阿维菌素系列生物农药较好,如1.8%海正灭虫灵 3 000 倍液等,或虫螨光乳油 3 000 倍液,或5%尼索朗 3 000～4 000 倍液,或 2.5%天王星乳油 3 000～4 000倍液,进行喷雾防治。以上药剂每隔 7～10 天喷一次,连喷 2～3 次。

第三节 番茄栽培

一、概 述

番茄(西红柿)起源于南美洲安第斯山地,18 世纪中叶开始食用栽培。如今为世界上栽培最为普遍的果菜之一。但是,它真正作为蔬菜栽培的历史也只有 100 多年。番茄每100 克鲜果含水分约 95 克,碳水化合物 2.5～3.8 克,蛋白质0.8～1.2 克,维生素 C 15～25 毫克,胡萝卜素 0.25～0.35毫克,番茄红素 2～3 毫克及多种矿质元素。番茄红素是类胡萝卜素的一种,在番茄中含量为最高。人体血液中高浓度的番茄红素,能有效地延缓衰老,并能有效地预防前列腺癌、胃癌、皮肤癌、乳腺癌以及心脑血管病等。番茄还具有抑制前列腺肿瘤增大的效果。

(一) 形态特征

番茄根系发达,分布深广,根系深度达 1.5～2.0 米。移栽时损伤主根,可促进侧根和不定根的生长,有 60%～80% 的根系分布在地表 30 厘米厚的耕作层内。番茄根的再生能力很强,不仅主根上容易生长侧根,而且在根颈或茎上(茎节)也都能产生不定根。潮湿的土壤中如果温度适合,茎基部就能产生大量的不定根。因此,可采取卧栽徒长苗和扦插的方式,繁殖番茄。

番茄茎为半蔓生或半直立,茎基部木质化。苗期植株直立不分枝,当主茎长到一定节位后出现顶生花序,由花序下第一侧芽迅猛生长代替主茎,而使顶生花序成为侧生,以后以同样的方式不断产生花序和分生侧枝。茎的分枝性很强,每个腋芽都能长出侧枝。为减少养分消耗,生产上需进行整枝打杈。有限生长类型植株,每隔 1～2 片叶着生 1 个花序,在发生 2～4 个花序后,花序下的侧芽变为花芽,不再生长。而无限生长类型的品种能不断生长,每隔 3 片叶着生 1 个花序,连续着生多个花序。茎叶密被短腺毛,能分泌汁液,散发特殊气味,具避虫作用。

叶片为羽状复叶。根据叶片形状和缺刻的不同,西红柿叶可分为普通叶、皱缩叶和马铃薯型叶。花为完全花,自花授粉,天然杂交率为 4%～10%。每个花序的花数,各品种间差异很大,由五六朵到十多朵不等。樱桃西红柿单穗花数比大果型西红柿多。果实为浆果,形状有扁圆、长圆、圆球、李形和梨形等。品种不同,其果实大小各异,一般在 5～200 克以上。颜色有粉红色、红色、橘黄色和浅黄色等。种子呈扁平形或肾形,表面有短茸毛,千粒重 2～4 克,种子的发芽年限为 5～6 年,生产用的种子使用寿命为 3～4 年。在低温干旱条件保存时,种子寿命可更长一些。

(二) 对环境条件的要求

西红柿属喜温作物,温度适应能力强,在 10℃～35℃ 范围内均可生长。但它生长发育的最适温度,白天为 20℃～25℃,夜间为 15℃～18℃。西红柿各个生育时期对温度的要求有所差异。种子发芽的最适温度为 25℃～30℃,低于 12℃或超过 40℃发芽困难。幼苗期的最适温度,白天为 20℃～25℃,夜间为 10℃～15℃。幼苗期耐低温能力强,可以进行适当炼苗,以提高幼苗素质。开花期对温度敏感,最适温度白天为 20℃～30℃,夜间为 15℃～20℃,若低于 15℃或高于35℃,花器则发育不正常,畸形花多,低温还易引起裂果及落花落果等。结果期所需适温,白天为 25℃～28℃,夜间为12℃～17℃,温度过低时果实生长缓慢,着色慢。果实着色的最适宜温度为 20℃～25℃,超过 30℃则着色不良。西红柿的生长发育需要有一定的昼夜温差,昼夜温差大,有利于促进根、茎、叶,特别是果实的生长,从而提高产量和品质。

西红柿喜光,生长发育要求光照充足。光照不足时,易引起徒长,开花推迟,落花较多。早春大棚栽培西红柿,光照度偏低,因此,要合理密植,坚持整枝打杈,调节光照条件。西红柿虽属半耐旱作物,但它枝叶茂盛,蒸腾作用大,采果量大,故立地土壤水分要求较高。果实成熟时,若土壤水分过多或干湿变化剧烈,均易引起裂果,降低商品价值。空气相对湿度一般应保持在 45%～65%之间。

对土壤要求不严格,但以土层深厚、排水良好、富含有机质的壤土或砂壤土,pH 值 6～7 为宜。对氮、磷、钾的吸收比例为 1：0.2：1.5。西红柿对氮和钾的吸收率为 40%～50%,磷的吸收率仅为 20%。所以,在施肥时对氮磷钾的配比应为 1：1：2。

二、栽培技术

(一)品种选择

西红柿的栽培品种,主要有普通型和樱桃西红柿等。适合早春栽培的品种较多,可供选择的主栽品种如下:

1. 早 丰 属有限生长型品种,早熟,生长势强。主茎 6～7 节着生第一花序,结 3～4 层果封顶。一般单果重 150～200 克,果实大红色,果面光滑,低温坐果能力强,果实成熟集中,一般每 667 平方米产量为 5 000 千克。

2. 早 魁 有限生长型品种。株型紧凑,适于密植。主茎 6～7 节着生第一花序,结 2～3 层果后封顶。平均单果重 150 克左右,果脐小,大红色,果实膨大及着色快。抗烟草花叶病毒,极早熟,适应能力强。

3. 合作 908 中早熟品种。高封顶,7 片叶簇生第一花序,每隔 3 片叶簇生一个花序。抗逆性强,大果型,果色粉红鲜艳,高圆球形,平均单果重 250～300 克。生长旺盛,采果期长。

4. 霞 粉 早熟,有限生长型品种。第六至第七片叶着生第一花序,主茎着生 2～3 个花序后自封顶。果实圆整,粉红色,单果重 180 克左右。生长势强,高抗病毒病和枯萎病,每 667 平方米产量 4 000 千克。

5. 合作 906 早中熟品种,自封顶。第一花序着生于

6～7片叶,每隔2片叶着生一个花序。大果型,果色粉红鲜艳,耐贮藏和运输。生长旺盛,抗病性强,平均单果重250克以上,每667平方米产量在4 000千克以上。

6. 合作903 无限生长型品种,生长旺盛。第一花序着生于第六至第七节。大果型,成熟果大红色,高圆球形,果皮坚韧,不易裂果,耐贮运,平均单果重350克左右,每667平方米产量在5 000千克以上。

7. 圣 女 为樱桃西红柿,由台湾引入内地试种,已大面积种植。系无限生长型品种,第九至第十节着生第一花序。果实鲜红色,椭圆形,内甜质硬,不易裂果,耐贮运,单果重10～14克。抗病性强。

8. 红宝石(新圣女) 樱桃西红柿,系早熟有限生长型品种。生长势强。果实椭圆形,鲜红色,单果重7～8克,单穗果数为10～20个。耐热、耐低温,抗性强。栽培时,茎部留两秆,不用整枝,每667平方米产量为3 000千克。

(二) 育 苗

西红柿对温度的适应能力比辣椒和茄子要强些,但开花期对温度敏感。因此,要依据所用大棚设施来确定播种期。利用大棚冷床育苗,可在11月上旬到下旬播种;如用酿热物温床育苗,可在11月下旬到12上旬播种;如用电热温床育苗,可在元月下旬至2月上旬播种。若采用地膜、小拱棚、中拱棚和大棚多层组合覆盖方式栽培时,可提前到10月中旬播种,12月中旬定植。播种前,要建好育苗大棚并准备好播种苗床。育苗时,可先将种子播在育苗床上,以后再分苗到分苗(假植)床上,或营养钵中,或育苗穴盘中。也可以将种子直接播于营养钵或育苗穴盘中。育苗大棚的选择和建造,可参照

第二章相关内容进行。苗床制作以及种子处理与播种方法等，参照第三章相关内容进行。

播种前，先将苗床浇足底水，薄撒一层干细土，然后进行播种。播后再覆盖一层营养土，厚度为 0.5 厘米，轻压畦面。同时，用 20%移栽灵 10 毫升对水 15 升，喷洒畦面，以减轻苗床病害，提高成苗率，最后盖上薄膜保湿。出苗前，棚内温度白天控制在 25℃～30℃，夜间为 15℃～18℃，经过 4～6 天即可出苗。出苗后，及时揭去薄膜，搭起小拱棚，棚内温度可降至白天为 20℃～25℃，夜间为 10℃～15℃。当棚内温度超过 28℃以上时，要及时通风。种子发芽齐苗后，要及时间苗，将拥挤苗和杂株苗间去。

待幼苗长至 2～3 片叶时，进行分苗（假植），间距规格为 8 厘米×8 厘米，或假植到上口径为 8 厘米×8 厘米的营养钵中，或 72 孔和 128 孔的育苗穴盘中。分苗时，要选晴天假植，以利于缓苗。假植后，棚内温度控制在白天为 25℃～30℃，夜间为 18℃～20℃，关闭棚门，闷棚缓苗，防止水分散失而导致幼苗萎蔫。当心叶开始转绿，早晨叶缘出现水珠时，幼苗已经缓苗结束。

缓苗后，床温应适当下调，可进行通风换气。此时，温度一般控制在白天为 20℃～25℃，夜间为 15℃～18℃，并保持苗钵湿润和肥水供应。若发现苗子有徒长趋势时，除要及时通风降温外，还可喷用 20 毫克/升浓度的多效唑溶液进行控苗。也可以将培养土用水和成半干半湿状态后，在整个苗床撒一遍，以促进不定根的生长，有利于壮苗。这种覆土措施在苗期可多次进行。移栽前 7 天，要进行低温适应炼苗，在白天将温度降至 15℃～20℃，夜间降为 8℃～10℃。西红柿壮苗的标准为:株高 20～25 厘米,茎粗 0.6 厘米以上,节间较短,茎干粗壮硬实,具 7～8 片真叶;叶片厚且舒展,叶色浓绿;第一花序现大花蕾,根多发达,无病虫害。

(三) 定　植

一般而言,当棚内 10 厘米厚土层温度稳定通过 10℃后,即可进行定植。西红柿的定植期,应视大棚设施的条件而定。采用地膜覆盖、小拱棚和大棚设施栽培的,在 2 月上中旬定植;大棚套小棚设施栽培的,可在 2 月下旬定植;小棚加地膜设施栽培的,可在 3 月上旬定植;利用地膜、小拱棚、中拱棚和大棚等多层覆盖方式栽培的,定植可提前到 12 月中下旬进行。

选择前作未种过茄果类蔬菜的地块,建好定植塑料大棚。施足充分腐熟的优质农家肥,用量为 3 000～4 000 千克/667 平方米,然后进行翻耕,再用三元复合肥 20～30 千克、生物有机肥 150 千克、钙镁磷肥 50 千克、氯化钾 10～20 千克 ,沟施于畦中央。然后整地做畦,畦宽 70～80 厘米,沟宽 30～40 厘米,畦高 25 厘米,盖上微膜,进行扣棚保温。一般应提前 10 天左右整好地建好大棚,以提升棚内温度。选择晴天定植,定植密度规格为:早熟品种每 667 平方米栽 4 500 株左右,行距为 50～60 厘米,株距为 23～25 厘米,每畦栽两行。无限生长型品种,每 667 平方米栽 3 200～3 400 株,栽后浇足定根水,然后用细土封好栽植口,关闭棚门。

(四) 田间管理

1. 温、湿度管理　从西红柿定植后到缓苗前的一周内,棚内温度白天需保持 28℃～30℃,夜间不低于 15℃～18℃。要注意增温保湿,棚内不通风,以利于缓苗。当新根长出、心叶变绿时,表明已结束缓苗,可逐渐通风,适当降温,并转入正常的温度管理。在开花坐果期,棚内温度要求达到20℃~25℃,夜间不低于10℃。但夜温不能过高,否则易引起徒长。在结果期,白天温度最好控制在22℃~26℃,夜间控制在13℃~15℃。早春季节天气比较寒冷,要注意大棚的保温,可用大棚套中棚二层膜覆盖、加草帘进行保温。下午,当气温降到25℃时,要及时关好大棚保温。同时,也要注意做好棚内的通风降温工作。随着天气的回暖,温度上升快,晴天上午要注意开棚放风,使棚内温度控制在30℃以下。晴天上午9时前要开棚通风,勿等到棚内形成高温时才进行,以免高温烧苗及造成植株脱水萎蔫。当棚内温度超过35℃时,应昼夜通风。夜间棚温稳定在10℃以上后,要将大棚四周下部薄膜掀起通风。

同时,要做好湿度调节工作,结合通风进行排湿。如果棚内干旱需要灌水时,可灌半沟水让其渗入土中,使心土吸湿而畦面仍为白色为佳。

2. 肥水管理 西红柿的肥水管理,前期要避免因施用肥水过多引起徒长的现象。在缓苗后到挂果前,要尽量控制肥水的施入,以免引起徒长。当第一花序坐果后,可结合追肥进行浇水,将1%的复合肥加0.2%尿素水溶液,用小嘴水壶进行浇施,每株浇施0.4~0.5升。当第一花序果达到白熟时,进行第二次追肥,每667平方米用复合肥10~15千克加尿素5~8千克配成的肥液,一并浇施。以后视苗情追肥1~2次。同时,还可用磷酸二氢钾等进行叶面喷施。田间应保持土壤湿润,切勿使畦面大干大湿,以免引起西红柿裂果。

3. 植株整理 西红柿的植株整理,主要包括插架绑蔓、整枝、打老叶等。

(1)插架绑蔓 西红柿一般长到 30 厘米左右、第一穗果坐住时,若还不设支架就容易倒伏,不仅影响田间管理,也有碍于通风透光,还会引起植株徒长。因此,要及时插架绑蔓。早熟自封顶品种,可依畦在每株西红柿旁插 1 根 1.5 米左右长的小竹竿,并将畦两边对应的小竹竿扎成"人"字形,在小竹竿腰间横绑 1~2 道竹竿,"人"字形叉顶上再横绑一根竹竿,使之连成一个整体,然后将西红柿苗扶立上架,并用稻草扎牢。因无限生长型品种植株高大,可采用塑料绳吊蔓,将吊绳缠绕在植株上即可。生产中视果实采收情况及植株生长高度,不断将吊绳和植株往下降,以促进上部继续结果。

(2)整枝、打杈和摘心 西红柿整枝的方法,有单干整枝、双干整枝及多干整枝等。为争取早期产量,早春栽培多是采用单干整枝法,优点是早期产量和总产量高,果型大。其方法是:只留主干结果,将其余侧枝陆续摘除,待其结 4 穗果时摘心。也可采用一干半整枝法,即除了主干结果外,再保留其第一花序下面的侧枝,让其结 1~2 档果后再摘心。这样可以显著地增加产量。摘心的方法是,在果穗上部保留两片功能叶后将心摘去。

西红柿每片叶的叶腋处侧芽,均可产生侧枝,要及时打去侧枝,抹去侧芽,以免消耗养分,减少坐果,并使果实变小。在果实转色期,因植株叶量大并开始衰老,故要将老叶、病叶摘去,以减少养分消耗,提高田间的通透性能。打杈摘叶要选择在晴天上午进行,以利于伤口愈合。

西红柿的育苗和植株整理,是西红柿栽培的两大关键技术。特别是植株整理与否及其质量如何,对西红柿产量起决定性作用。在生产实际中,打杈、抹侧芽不及时或不到位,易造成侧枝生长茂盛,营养生长过旺,坐果少,果实小。田间出现主茎基部直径小于上部茎干或侧枝直径的现象,已表明植株出现了徒长,严重影响了西红柿的早期产量和均衡增产。因此,西红柿栽培中要将打杈、抹侧芽作为日常性工作来做,及时进行打杈摘叶,以利于产量的形成。

4. 保花保果与疏花疏果 早春大棚西红柿前期温度偏低,光照不足,开花授粉不良,易引起落花落果。早春西红柿的第一、第二穗果,在总产量中所占比重大,直接左右着早期产量和种植效益。为促进保花保果,可对花进行处理。其方法:一是用浓度为10～12毫克/升浓度的2,4-D溶液,在开花时涂抹在花柄上,开一朵花涂一朵花,为防止重复涂抹同一朵花,可在药液中加入适量的红墨水、或墨汁、或广告色粉作标记。二是将防落素20～30毫克/升溶液,对有2～3朵花开放的花序,用小壶喷一次即可。

为确保西红柿个体发育均匀,除樱桃西红柿外,要进行适度疏果,以提高优果率,大果型品种每穗选留3～4个果,中果型品种每穗选留4～6个果,将其余果实尽早摘除,以保证果实的营养均衡。

(五) 采 果

西红柿要争取早期产量,提早上市,可以在果实绿熟期用乙烯利催熟。一是用500～1 000毫克/升的乙烯利水溶液,涂抹在果实上,让其转红后采收应市。二是将摘取的转色期果实,用1 000～2 000毫克/升的乙烯利溶液预浸一下,捞出后晾干水分,放置在大棚的走道内,放时用稻草或薄膜垫好,其上再盖薄膜,让阳光照射。以后将转红果实分批上市。樱桃西红柿每穗结果多,可将成熟果实分批采收上市。

三、病虫害防治

西红柿的病虫害发生较多,其防治办法,可参照辣椒和茄子病虫害防治进行。特别要注意灰霉病、青枯病、疫病、蚜虫以及美洲斑潜蝇的防治。

(一) 美洲斑潜蝇

美洲斑潜蝇近年来在我国发展非常迅速。其危害表现为幼虫潜入叶片内取食,仅存下表皮,形成弯曲的灰白色线状隧道,隧道端部略成膨大状,严重时整片叶布满隧道,破坏光合作用。

美洲斑潜蝇的生长适温为 20℃～30℃,高于 35℃时受到抑制,在棚内温暖条件下,相对湿度为 70%～80% 时发生严重。

防治办法:①悬挂涂药的橙黄色板诱杀。②清除田间病枝残体,减少虫源基数。③药剂防治:在初龄幼虫高峰期用药,可将 48% 毒死蜱乳油 1 000 倍液,或 1.8% 爱福丁 2 500 倍液,或 48% 乐斯本乳油 800～1 000 倍液,喷施于叶片上,毒杀该虫。

(二) 非侵染性病害

1. 畸形果   其表现有多心果、顶裂果、横裂果及裂果种子外露等。产生畸形果的原因是,花芽分化及发育时期环境温度偏低;肥水过大,氮素营养过盛所致。其防治方法是,科学管理,逐一清除产生畸形果的原因。

2. 裂果   果皮薄,果实膨大期水分供应不均,大干大水等。其防止方法是使大棚土壤水分供应均匀,防止土壤大干及其突然的大水灌溉。

3. 低温障碍 苗期遇低温,子叶上举,叶缘上卷,叶背发紫。花芽分化期遇低温,果实成熟不易着色或色浅。其产生原因是棚内温度低于 15℃时,不能开花和授粉,导致受精不良、造成落花落果等。其防治方法是,科学管理大棚内的温度,使棚内温度符合西红柿生长发育、开花、结果的需要。

第五章 瓜类蔬菜栽培

第一节 黄瓜栽培

一、概 述

黄瓜,又名胡瓜,以嫩果供食用,是瓜类蔬菜中最主要的一种蔬菜。它的栽培面积在瓜类中数量最大。黄瓜原产于喜马拉雅山南麓的印度北部地区,在我国已有 2 000 多年的栽培历史。黄瓜营养丰富,每 100 克可食部分含碳水化合物 1.6～4.1 克,蛋白质 0.4～1.2 克,以及多种矿质元素等。中医认为,黄瓜性凉味甘,具清热解毒,利尿除湿和润肠等作用。其所含精氨酸是制造人体骨髓细胞和生殖细胞的重要原料,可使因肥胖而致性功能减退者得到改善。研究还表明,黄瓜还具有降血糖、护肝脏、减肥、美容、促进吸收、消炎和抗肿瘤等功效。因此,黄瓜是一种优良的蔬菜。

(一)形态特征

黄瓜属葫芦科甜瓜属,为一年生攀缘草本植物。它根系较浅,主根明显,侧根多,主要根群分布在 30 厘米内的耕作层内。根系木栓化较早,再生能力弱,受伤后不易再发新根,生产上常采用营养钵育苗移栽。

黄瓜的茎蔓生,无限生长。四棱或五棱,绿色,有刺毛。一般主茎长 2～3 米。少数自封顶品种有 18～20 片叶时便封顶不伸长。茎上每节着生一片叶和卷须、分枝与雌雄花等。

主侧蔓均能结果。

其叶片分为子叶和真叶。最先出土、肥厚对生的椭圆或长圆形的两片叶为子叶。壮苗的子叶大而肥厚,健壮,深绿色,平展。子叶展开后再长出来的叶片为真叶,单叶互生,掌状浅裂,绿色。叶柄长,叶片和叶柄均被有刺毛。叶缘有水孔,在湿度大时常见到叶片边缘产生许多水珠,可对植株进行生理调节。

黄瓜属雌雄同株异花作物,花腋生。雄花多丛生;雌花单生,花冠黄色。一般雄花先开,雌花后开,以后雌雄交替开花,能单性结实。从花芽分化到开花,共需 35 天左右,花性型的决定与品种及环境条件关系密切。一般在夜间 9℃~11℃ 的低温,日照 8 小时左右的短日照条件下,雌花发育量最大,节位也低,雌花节率高。在生产上,从第一片叶开始,到第四、第五片叶期,进行低温锻炼;或者在苗期 2~3 叶期,用 100~200 毫克/升的乙烯利溶液喷施,均可使植株早出多出雌花,从而达到早熟丰产。

果实为瓠果,长短棒形和长短圆筒形。表面具棱,有瘤状突起,多有刺毛。果实在开花后 8~18 天达到商品成熟度。种子为长椭圆形、披针形或扁平状。种子色泽有乳白色和黄色。千粒重 20~40 克,种子发芽年限为 4~5 年。新收种子约有一个月的休眠期。用 0.5% 的双氧水浸泡 12 小时,可以打破种子的休眠。

(二) 对环境条件的要求

黄瓜属喜温作物,生育适温为 15℃~32℃。生长的最适温度为 22℃~32℃,夜间为 15℃~18℃。其生长的最低温度为 10℃~12℃,冻死温度为 -2℃~0℃。生长的最高温度为 35℃,在这种温度条件下,其光合产量和呼吸消耗处于平衡状态。超过 45℃ 连续 3 小时,叶色变浅,雄花落蕾或不开花或花粉不萌发,产生畸形瓜。各个生育时期对温度有不同的要求。种子发芽最适温度为 28℃～32℃,最低发芽温度为 12.7℃,最高发芽温度为 35℃;根系生长的适宜地温为 20℃～25℃,最低温度在 15℃ 以上,10℃～12℃ 时停止生长;在幼苗期,白天的最适温度为 22℃～28℃,夜间最适温度为 15℃～18℃。经过低温锻炼的苗子,可以忍耐 3℃ 的低温,甚至 0℃ 都不会冻死。在开花结果期,白天适温为 25℃～29℃,夜间适温为 13℃～15℃。进入采收盛期后,温度应稍低。在生产上,对黄瓜进行"变温管理",保持一定的温差,有利于营养物质的积累,不易造成徒长,对黄瓜的生长发育和产量提高大有好处。

黄瓜需强光照,但也能适应较弱的光照。在早春栽培中,可以采用无滴膜和挂反光膜等增光措施,并保持棚膜的清洁,来增加光照度。黄瓜叶面积大,蒸腾作用也大,喜湿不耐涝,对空气湿度和土壤水分要求比较严格。要求田间持水量和空气相对湿度均在 80%～90%。因此,要及时补水保持土壤湿润,以利于结瓜。对土壤的适应范围较广,适宜的土壤 pH 值为 5.5～7.6,以富含有机质、排灌条件好、土层深厚、疏松肥沃的土壤为佳。

二、栽培技术

(一) 品种选择

早春大棚黄瓜栽培,应选择耐低温和耐弱光的品种。适宜作早春大棚栽培的黄瓜品种较多。现介绍部分主栽品种如下:

1. 津优一号 由天津市黄瓜研究所育成。植株生长势强，叶色深绿，以主蔓结瓜为主。第一雌花着生在主蔓第四或第五节，雌花节率为 25%。回头瓜多，瓜色深绿，瓜为长棒形，顺直，长 36 厘米左右，单瓜重 250 克左右。密生白刺，刺瘤显著，果肉浅绿色，质脆，品质优良。每 667 平方米产量为 5 000～6 000 千克。

2. 津春二号 长势中等，叶大而厚，分枝少，以主蔓结瓜为主。第一雌花着生在主蔓第三节或第四节，每隔 1～2 节出现一朵雌花。单性结实能力强，瓜长 32 厘米左右，单瓜重 200 克左右。瓜肉浅绿色，肉厚，耐低温弱旋光性好，早熟，每 667 平方米产量在 5 000 千克以上。

3. 中农 13 号 由中国农业科学院蔬菜研究所育成。植株生长势强，生长速度快。以主蔓结瓜为主，第一雌花着生在 2～4 节，雌花节率约为 50%。单性结实能力较强，连续结瓜性好，单瓜重 100～150 克，早熟，耐低温性强，每 667 平方米产量为 6 000 千克左右。高抗黑星病、枯萎病和疫病，耐霜霉病。

4. 中农 5 号 植株长势强，以主蔓结瓜为主。第一雌花着生在主蔓 2～4 节，几乎节节着生雌花。瓜色深绿，瓜长 32 厘米，单瓜重 100～150 克。早熟，前期结瓜集中。耐低温弱光，抗枯萎病和疫病等。每 667 平方米产量在 5 000 千克以上。

5. 长春密刺 原产于长春。长势中等，早熟，以主蔓结瓜为主。第三、第四节位着生雌花，雌花节率高，回头瓜多。单瓜重 200～250 克。嫩瓜皮色深绿，刺瘤密，白刺，瓜顶部纵棱，有 10 条浅黄色条纹。每 667 平方米产量在 5 000 千克以上。较耐低温，耐弱光，抗枯萎病强。

6. 杨行黄瓜 为上海郊区早熟优良品种。蔓粗壮，节短,分枝少,长势强劲。以主蔓结果为主。第一雌花着生于主蔓第二、第三节,果实少,短筒形,长约 20 厘米,横径 4 厘米。有 10 条纵纹,无棱,黑刺,有瘤,籽少等。

7. 京研迷你二号黄瓜 为水果黄瓜,全雌性。一个节上可结 1～2 条瓜。瓜光滑,无刺,味甜,生长势强,瓜长 12 厘米,亮绿。可周年生产。

8. 京研迷你四号黄瓜 为水果黄瓜,耐低温、弱光能力强,全雌性。生长势强,瓜长 12～14 厘米,无刺,亮绿,抗病性强。每 667 平方米产量达 7 000 千克左右。

(二) 育　苗

早春大棚黄瓜育苗,需采用塑料大棚双层薄膜加草帘的覆盖设施。冷床育苗,播种期在 2 月中下旬;温床育苗,可提前到元月下旬至 2 月上旬播种。因黄瓜根系再生能力弱,最好采用营养钵直播育苗。塑料营养钵的上口径为 8～10 厘米。基质穴盘育苗的规格为 50 孔、72 孔,或用育苗块育苗等。也可自制泥草钵育苗。育苗大棚的建造,参照第二章有关内容进行。苗床的准备与种子处理方法等,可参见第三章有关内容进行。

播种前,先将营养钵培养土用水浇透,待水渗下后进行播种。在钵中央用小竹片刺一小孔,播种时,将种子芽子朝下贴土平放,尽量做到方向一致。每钵播一粒种子,边播种边用培养土盖籽。并用薄膜覆盖畦面,进行增温保湿。若利用育苗块育苗,播种前应将育苗块浇足水分,使之湿透过心。是否湿透过心的检验方法是,用牙签刺至育苗块中心,如有硬实感时,说明该块水分未吸透,还需继续浇水,让其吸透;然后将种子播在预制的播种穴内,并盖籽。在育苗块的周围,可用砻糠灰填充,其厚度约为育苗块的 2/3,以便既有利于育苗块保湿,又有利于黄瓜根系的发育,使之根系发达。播种完后盖膜保湿,育苗床上搭建小拱棚保温,然后关闭大棚。播种后,小拱棚上的覆盖物实行早揭晚盖,以提升棚内温度。黄瓜出苗前,棚内温度可适当高些,白天温度应维持在28℃~30℃,夜间温度维持在20℃左右,以促进黄瓜出苗。

当约有70％黄瓜出苗时,要及时掀去地膜等覆盖物;齐苗后,应适当通风降温,使棚内温度白天保持在25℃~28℃,夜间以15℃~18℃为宜。在早春季节,长江流域地区常遇到连续阴雨天气,光照不足,影响幼苗的生长。此时,可在小拱棚内用白炽灯进行人工补光,方法是,使灯泡离作物1米高,阴天每天上午补光2~3小时,促进生长。苗床营养钵(块)缺水时,可在中午幼苗略有萎蔫时,用洒水壶浇水,并适量掺入多菌灵或托布津等药剂,结合进行防病。当苗子出现徒长时,要适当降低棚温,使其白天保持在20℃~25℃,夜间保持为13℃~15℃,并形成一定的昼夜温差,以促进雌花形成。苗子长到三叶一心时,开始降温炼苗,并在苗床上喷一次75％代森锰锌600倍药液防病。黄瓜进入四叶期后,即可择期移栽。

(三) 黄瓜苗嫁接

黄瓜嫁接后,可以防止土传病害,防病率达90％以上,可增产30％以上。黄瓜苗嫁接在大棚内进行。2月上中旬播种,播种前对种子先进行浸种催芽处理。播后将苗床用水喷透。为保证嫁接正常进行,应一个苗床播种黄瓜种,宜稀播;另一个苗床播种黑籽南瓜种,宜密播。黑籽南瓜要比黄瓜晚播3~5天。黄瓜播种后,在苗床上覆土1厘米厚,然后用800倍敌克松液将盖土洒透,再在苗床上盖上地膜,并使棚内温度白天维持在25℃~30℃,夜间为16℃~20℃,地温为20℃~25℃。待有1/3出苗时,将地膜揭去,搭起小拱棚。过5天黄瓜苗出齐后,将棚内温度降为 14℃～27℃。黑籽南瓜的种子在播种前,要放到 70℃～80℃的热水中浸泡,并来回倾倒,待水温降到 30℃时,将种皮上的黏液洗掉,再经浸种催芽后即可播种。南瓜苗床播后盖土厚 2 厘米,并用 800 倍敌克松液将盖土洒透,然后铺好地膜,将棚内温度控制在白天为25℃～30℃,夜间为 16℃～20℃,苗出齐后掀去地膜,用 400 倍 50%甲基托布津药液喷洒一次。

苗子长至高 8～9 厘米,南瓜苗真叶初露,黄瓜苗第一片真叶初展时,要尽快进行嫁接。一般采用靠接法。嫁接时,先将两种苗子从苗床上陆续取出。用南瓜苗作砧木,从子叶下 1 厘米处自上而下呈 25°～30°角下刀,切口深度为苗茎的 2/3。同时,将黄瓜苗于子叶下 2.5 厘米处,自下而上呈25°～30°角下刀,切口深度与南瓜苗相同。然后将切口对好,夹上嫁接夹,及时定植到苗床里。南瓜苗应置于嫁接夹的外部,一人嫁接一人移栽,边嫁接边移栽,将嫁接苗按 10 厘米×10 厘米的规格移栽到苗床上,边栽边浇水湿透,不要将水浇到接口上,埋土应离嫁接夹 2 厘米左右。要盖好小拱棚薄膜,在白天盖草帘遮荫,使棚内温度白天保持为 25℃～28℃,夜间为18℃～20℃,空气相对湿度保持为 85%～95%,闭棚 7 天,以促进活棵和伤口愈合。嫁接苗成活后,将棚温降至白天为20℃～25℃,夜温为 12℃～15℃。黄瓜处于一叶一心至二叶一心时,用 200 毫克/升乙烯利液喷雾,诱导雌花。嫁接后 10～15 天,将黄瓜断根。6 天以后,嫁接苗长到 4～5 片叶时,即开始移栽。

(四)定 植

采用塑料大棚保护设施栽培,或前期利用小拱棚保温设施进行栽培。黄瓜忌连作,应选择土层深厚肥沃、前茬未种过瓜类蔬菜的地块种植,以水旱轮作田块更佳。每 667 平方米施入充分腐熟的农家肥 2 000 千克作基肥,沟施 150～200 千克生物有机肥于畦中央,然后进行整地做畦。畦宽(包沟)1～1.2 米,畦高 20 厘米,6 米宽的标准大棚可做成 4 畦。定植前 7～10 天,每 667 平方米用 96% 金都尔除草剂 45 毫升,对水 50 升,进行畦面喷施后,盖上微膜待栽。当棚内土温达 12℃ 时进行定植。在长江流域地区,一般在 3 月上旬到下旬,苗龄 4～5 片叶时进行定植。每畦栽两行,株距 25～30 厘米,每 667 平方米栽 2 000～2 400 株。移栽时,用土压紧定植口四周,栽后及时浇水定根,关好棚门。

(五)田间管理

1. 温度管理 黄瓜定植后一周为缓苗期。在此期间,要盖好小拱棚加草帘,关好棚门进行闭棚,以适当提高棚内温度,促进发根。当黄瓜心叶长出后,表明缓苗结束,要及时浇一次缓苗水。在初花期,即从缓苗期到根瓜坐住为初花期,要求棚内温度在白天保持为 30℃ 左右,夜间为 10℃～15℃。当棚内温度超过 30℃ 时,开棚通风。温度低于 20℃ 时,要停止通风。在采收盛期,即从根瓜采收到植株打顶前,要进行变温管理,使昼夜温差加大,并调节棚内湿度。一般以上午温度在 30℃ 左右,下午在 20℃～25℃ 为宜,夜间为 12℃～15℃。通过通风,来调节温度,以促进产量的形成。在早春季节,当遇到寒冷天气时,要采用双层覆盖保温措施。进入 4 月上中旬,气温渐高后,要撤去小拱棚,掀起大棚两边棚膜进行通风。

2. 支架、绑蔓和整枝 小棚撤去后,要立即搭建"人"字架,以免瓜蔓和卷须互相缠绕。搭架时,将每 4 根小竹竿扎一束,或者用塑料绳吊蔓。搭"人"字架,一般每隔 3～4 张叶片绑蔓一次,绑时要松紧适度,并摘除卷须及下部侧枝。中上部侧枝见瓜后留两片叶摘心。主蔓满架时要打顶,并及时摘除畸形瓜、黄叶和病老叶,以增加通风透光,减少病虫害的发生。吊蔓栽培,长至25～30片叶时摘心。长季节栽培时不摘心。

3. 肥水管理 黄瓜的营养生长和生殖生长并进,而且结果期长,因而对养分需求多。施足基肥,及时追肥,是黄瓜高产的关键所在。基肥应占总施肥量的2/3。追肥时,要掌握以下原则,即:生长前期要适当控水控肥,以免引起发病和植株徒长;结瓜期则应勤施追肥,以促进植株早发、中稳及后健。具体的施肥措施是:定植缓苗后,视苗情施一次促苗肥,可用稀薄腐熟粪水进行追肥,或每667平方米用复合肥5千克左右浇施。当根瓜的瓜把变粗、颜色变深时,开始进行第一次追肥,选晴天上午进行,用量为每667平方米施复合肥10～15千克。以后每隔7～10天追肥一次,结果盛期可5～7天追一次,并用0.3%～0.5%磷酸二氢钾等叶面肥,进行叶面喷施。

4. 保花保果 为促进坐果,当黄瓜幼苗第一至第三片真叶展开时,应喷洒浓度为100～200毫克/升的乙烯利溶液可以显著增加雌花,同时,增施肥水,以促进黄瓜生长。否则,易造成化瓜现象。

(六)根据长势长相,进行田间诊断,调节黄瓜生长

早春大棚黄瓜的田间表现及生长状况,可以通过各个器官的长相及植株的长势来进行诊断,从而及时调节,促生长旺盛,达到早熟高产的目的。

1. 看子叶 如果幼苗期子叶小而厚,呈墨绿色,表明出苗期土壤湿度大,地温低,根系发育不好。苗期温度高,湿度大,放风量小,土壤养分不足时,子叶会变薄,呈黄绿色。

2. 看卷须 瓜条肥大期间,卷须与茎成$45°$角属正常。如果卷须成弧形下垂,说明温度偏高或者缺水。若卷须直立,顶部卷曲,表明夜间温度偏低。若卷须细短或变成圆卷状,这是植株老化的先兆。若卷须先端变黄,这可能是缺肥的表现。应针对卷须的不正常现象,判明问题的所在,有的放矢地及时供应肥水,并进行叶面喷肥,将病害消灭于先兆之时。

3. 看茎蔓　正常的茎蔓生长充实,棱角分明,刚毛发达,茎基部粗壮适宜。茎基 10 片叶以内,茎节长 5~8 厘米,中上部节间长 10 厘米左右,茎粗 1.5 厘米,属生长适中而健壮的表现。节间过长、过短或过细,为生长势过旺、徒长或过弱、老化的表现。根据诊断情况,及时采取有效措施,将问题解决在萌芽状态。

(七) 采　收

根瓜要尽量提早采收,以免影响植株的后续生长和开花结果。黄瓜以充分长足的嫩果供食,采收要适时。过早采收,影响产量;过迟采收,影响品质。适宜的采收标准应该是,大小适中,粗细均匀,顶花带刺,脆嫩多汁。应按照这个标准进行黄瓜的熟度判断和采摘,以保证上市黄瓜的优质。

(八) 迷你(水果)黄瓜降蔓式栽培

迷你黄瓜,是近年来推广的鲜食黄瓜,瓜型袖珍短小,无刺易清洗,口感脆嫩,风味浓,营养含量明显高于普通黄瓜,深受人们喜爱。迷你黄瓜现已成为时尚蔬菜,市场前景看好。迷你黄瓜的栽培管理技术与普通黄瓜基本相同,但它的降蔓式栽培法,其支蔓方式有所不同,具体操作技术要点如下:

1. 用降蔓器支蔓　在以往的黄瓜栽培中,多是采用搭"人"字架或者吊蔓的方式进行栽培,当苗长到架顶部时,一般就不再挂果。此时,黄瓜的增产潜力得不到充分发挥。笔者自行研究并实行了一种降蔓式栽培法,可以克服上述弊端。即当瓜苗长到架(棚)顶时,可将瓜苗自由放下,让其继续向上生长结瓜,因而大大延长了黄瓜的结果期,增加结瓜数量和产量。降蔓式栽培法可比搭"人"字架栽培法提高产量 1 倍以上,效益大增。方法简单,操作方便,效果好。其方法如下:

降蔓式栽培应选择在装配式钢架大棚或菱镁大棚内进行,可用 8 号铁丝自制一个降蔓器,降蔓器制作见图 5-1。在铁丝交汇处焊接以至于固定,然后在其凹形口内将吊蔓用细尼龙绳缠绕其上,尼龙绳下端扎在小竹签上。在每株黄瓜苗定植穴位置的上方,用扎丝扎在棚架上,扎丝下端吊一个用 12 号铁丝做成的小铁钩,用来挂降蔓器以支撑瓜蔓,其高度为伸手能使降蔓器自由滑动为宜,可根据农事操作者的高矮作适当调整。调整时能高则不宜低,以形成瓜蔓更大的生长空间。然后把降蔓器挂在小铁钩上,顺势将吊蔓器上的尼龙绳引下,把小竹签插入瓜苗基部附近土壤中,将尼龙绳缠住瓜苗,使瓜苗沿尼龙绳往上生长。当有瓜蔓偏离尼龙绳时,要及时用尼龙绳将瓜蔓缠住。当瓜蔓长到接近降蔓器时,可上下滑动降蔓器,放下尼龙绳,使瓜蔓位置降低,让其继续往上生长,并将基部瓜蔓盘坐在畦面上,同时摘除下部叶片。通过滑动降蔓器来不断调节瓜蔓的

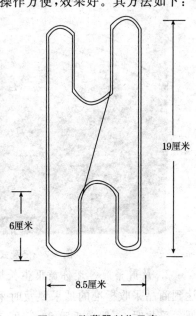

19厘米

6厘米

8.5厘米

图 5-1 降蔓器制作示意

爬藤高度,从而增加结瓜的节位,延长采果时期,进而提高单株结瓜产量和效益。降蔓式栽培如图 5-2 所示。

图 5-2　降蔓式栽培

2. 及时采收　迷你黄瓜生长势强,瓜码密,坐果节位低,达到商品采收标准的瓜果要及时采收,否则过熟后商品性降低。采收时,一般单瓜重 80～120 克。下部叶片老化时,要及时摘除,并在基部进行盘蔓,以利于上部瓜蔓生长,将摘除的老叶和病叶带出棚外,集中处理。

三、病虫害防治

黄瓜及瓜类蔬菜的病虫害较多,种类也基本相同。其主要病虫害及其防治方法如下:

(一) 猝 倒 病

此病多在苗期 1～2 片真叶时发生,茎部或中部呈水渍状,后变为黄褐色,干枯缩为线状,子叶还未凋萎,幼苗即突然猝倒,贴伏地面。湿度大时,病部长出白色棉絮状菌体。

发病的适宜温度为 15℃～16℃。高湿条件容易发病。主要靠土壤和植物残体上的病原菌,借灌溉水传染发病。

防治办法:①农业防治:选择无病土育苗,建立无病苗床。对床土进行消毒,可每平方米苗床用 25%甲霜灵可湿性粉剂 9 克,加 70%代森猛锌 1 克,加细土 4～5 千克,拌匀使用。施药前,浇足苗床底水,水渗下后,取 1/3 药土撒在畦面。播种后,再把剩下的 2/3 药土覆盖在种子上面。也可在播种盖籽后,用移栽灵 10 毫升对水 15 升喷施畦面,以起到预防的作用。②药剂防治:可用 72%杜邦克露可湿性粉剂 600 倍液,或 72.2%普力克水剂 600 倍液,或 25%甲霜灵可湿性粉剂 600 倍液,或 64%杀毒矾可湿性粉剂 600 倍液,或 15%恶霉灵水剂 450 倍液,喷雾防治。

(二)立 枯 病

立枯病多在幼苗的中后期,危害幼苗的茎基部或地下根部。初时在茎部出现椭圆形或不规则形病斑,病斑逐渐向里凹陷,边缘明显。绕茎一周,使茎部萎缩干枯后,瓜苗死亡,但不折倒,故名"立枯"。

发病条件:通过雨水和农具传播。发病适温为 24℃,最高温度为 40℃～42℃,最低温度为 13℃～15℃。当幼苗过密,温度过高时,易引起此病。

防治办法:①加强苗床管理,注意通风排湿,防止苗床温度过高和湿度过大。②药剂防治:用 75%达科宁 600 倍液,或 70%代森锰锌可湿性粉剂 500 倍液,或 75%百菌清可湿性粉剂 600 倍液,进行喷雾。

(三)霜 霉 病

霜霉病主要危害叶片。初期出现淡黄色小斑点,以后斑点扩大,受叶脉限制而呈多角形的淡黄绿色、黄褐色斑块,潮湿时叶背病斑上有黑色霜层。病叶由下向上发展,除心叶外,全株叶片枯死。呈多角形黄褐色病斑,不穿孔,叶背有一层黑色或紫黑色霉。易与其他病害加以区别。

发病条件:该病的发生流行,与温度、湿度关系密切,温度为15℃～20℃,相对湿度为85%以上,是发病的适宜条件。

防治办法:①清洁田园,减少病源。②做好棚内的温、湿度调控,形成不利于霜霉病发生的环境条件。③药剂防治:用53%金雷多米尔600倍液,或64%杀毒矾600倍液,或75%达科宁600～800倍液,或25%瑞毒霉800倍液,或75%百菌清可湿性粉剂500倍液,进行喷雾防治。还可用45%百菌清烟剂,按每667平方米大棚200～250克的用量,进行熏烟防治。

(四) 疫 病

幼苗期染病多始于嫩叶,初呈暗绿色水浸状萎蔫,病部缢缩干枯。成株期发病,在茎基部或嫩茎节部,出现暗绿色水浸状症状,后缢缩萎蔫枯死。叶片发病,病斑扩展到叶柄时叶片下垂。瓜条染病,病部出现水浸状凹陷,潮湿时病部产生白色稀疏霉状物。

发病条件:疫病的发病适温为28℃～30℃,而土壤水分是流行的决定因素。因此,高温多雨季节发病较重。

防治办法:①实行深沟高畦栽培,进行种子消毒。实施土壤消毒,方法同猝倒病。②控制浇水。切勿大水漫灌,最好用滴灌。③药剂防治:用75%百菌清可湿性粉剂600倍液,或72%杜邦克露700倍液,或53%金雷多米尔600倍液、或64%杀毒矾600倍液,进行喷雾防治。

(五) 白 粉 病

受害叶片的正反面,均产生小圆形白色小粉斑,严重时全叶布满白粉。发病后期,白色粉斑长出黑褐色小点,植株逐渐变黄枯死。

发病条件:该病的发病适温为 15℃~30℃,相对湿度为 80%。在高湿条件下,易传染发病。

防治办法:①农业防治:清洁田间,烧毁病残体。②药剂防治:用 40%福星乳油 8 000~10 000 倍液,或 62.25%仙生可湿性粉剂 600 倍液,进行喷雾防治。

(六)枯 萎 病

幼苗和成株期均可发生枯萎病。病株下部叶片先萎蔫,初期时在早晚可恢复,经数天后,植株萎蔫死亡。主茎基部软化缢缩,后干枯纵裂。潮湿时病部常产生白色或粉红色霉状物,剖开基部,可见维管束变成褐色。

发病条件:枯萎病的发病适温为 24℃~27℃,土壤温度为 24℃~30℃。空气相对湿度在 90%以上易发病。

防治办法:①栽培嫁接苗防病。②水旱轮作。③药剂防治:可用 70%甲基托布津或 50%多菌灵可湿性粉剂,用量为每 667 平方米 1.5 千克,与干细土拌匀,施于定植穴内作土壤消毒。发病初期,用绿亨一号 3 000 倍液,或 70%甲基托布津可湿性粉剂 800 倍液,或 50%多菌灵可湿性粉剂 500 倍液灌根,每株灌药液 250 毫升,7~10 天灌一次,连续灌 2~3 次。

(七)蔓 枯 病

叶片上病斑近圆形、半圆形或沿边缘呈"V"字形,为淡黄褐色至黄褐色,易破碎。病斑轮纹不明显,上生许多小黑点。蔓上病斑椭圆形至菱形,白色,有时流出琥珀色的树脂胶状物,后期病茎干缩纵裂,呈乱麻状。

发病条件:该病在平均气温为 18℃~25℃,相对湿度高于 85%,土壤水分高时易发病。排水不良,密度过大,植株生长势弱,可引起发病。

防治办法:①实行轮作和土壤消毒,土壤消毒办法参照枯萎病防治方法进行。②增施有机肥,减少化学肥料的施用。③药剂防治:可用 70%甲基托布津可湿性粉剂 600～800 倍液,或 75%百菌清可湿性粉剂 500～600 倍液,或 60%宝宁可湿性粉剂 800～1 000 倍液,进行喷雾防治。此外,还可用毛笔蘸上述药剂的 50～100 倍液,涂在瓜蔓上的病斑上,防治效果也很好。

(八)炭疽病

从苗期到成株期均可发生此病。子叶被害后,产生半圆形或圆形褐色病斑,上有淡红色黏稠物,严重时茎基部呈淡褐色,逐渐萎缩,幼苗折断死亡。其叶被害后病斑近圆形或圆形,边缘呈红褐色,中部颜色较浅,潮湿时病部分泌出红色的黏质物,干燥时病部开裂,穿孔。叶柄和茎被害后产生稍凹陷,为淡黄褐色长圆斑,环绕基部致使整株或上面叶片枯死。潮湿时产生粉红色的黏质物或有许多小黑点。瓜条染病后,变成黄褐色稍凹陷圆形斑,上有粉红色黏质物。

发病条件:炭疽病的适宜发病温度为 22℃～27℃,湿度愈大,发病愈重。重茬地,低洼排水不良地,发病重。

防治办法:①进行种子消毒。②实行轮作换茬。③药剂防治:可每 667 平方米用 45%百菌清烟剂 250 克,于傍晚密闭大棚,进行烟熏防治。7 天一次,连续熏 2～3 次。或用50%灭霉灵可湿性粉剂 600 倍液,或 80%炭疽福美可湿性粉剂 800 倍液,进行喷雾防治,每隔 6～7 天一次,连喷 3～4 次,效果也好。

(九)细菌性角斑病

细菌性角斑病主要危害叶片、茎和果实。病叶上初生水溃状圆形褪绿斑点,稍扩大后因受叶脉限制,而呈多角形褐色斑,外绕黄色晕圈。潮湿时,病斑背面溢出白色菌脓,干燥时病斑干裂,形成穿孔。茎和瓜条上的病斑开裂溃烂,有臭味。干燥后呈乳白色,并留有裂痕。病菌可侵染种子,使种子带菌。

发病条件:该病的适宜发病温度为 24℃～28℃,昼夜温差大、湿度大时,更易发病。

防治办法:①选用抗病品种,进行种子消毒,实行轮作等。②药剂防治:发病初期,可用 72%农用链霉素 4 000 倍液,或 77%可杀得可湿性粉剂 600～700 倍液,或 50%DT 杀菌剂 800 倍液,或 27.12%铜高尚悬乳剂 400 倍液,进行喷雾防治,每隔 7～10 天喷一次,连喷 2～3 次。

(十) 瓜　蚜

瓜蚜即蚜虫,以成虫及若虫在叶片背面和嫩茎上吸食汁液,分泌蜜露,使叶面出现煤污,叶片卷缩,瓜苗生长停滞、萎蔫和干枯,甚至整株枯死。老叶受害后提前枯落。

瓜蚜繁殖的温度范围为 6℃～27℃,以 16℃～22℃最适宜。

防治办法:①清除田间杂草,消灭越冬虫卵。②药剂防治:可每 667 平方米用杀蚜烟剂 400～500 克,分散放成 4～5 堆,用暗火点燃,冒烟后密闭 3 小时。或用灭杀毙 6 000 倍液,或 20%氰戊菊酯 3 000～4 000 倍液,或 20%灭扫利乳油 2 000 倍液,或 2.5%功夫乳油 4 000 倍液,或 2.5%天王星乳油 3 000 倍液等,进行喷雾防治。

(十一) 黄守瓜

黄守瓜成虫取食瓜苗的叶片和嫩茎,以后又危害花朵和幼瓜。幼虫在土中危害根部,造成幼苗死亡,缺苗断垄;还可蛀入接近地表的瓜内为害,引起果实腐烂,损害产量和品质。

黄守瓜喜温好湿,成虫耐热性强。成虫在温度为22℃~23℃开始活动。每天上午10时到下午3时活动最盛。3龄后专食主根,造成枯死。

防治办法:①覆盖地膜或在瓜苗周围撒草木灰,防止成虫产卵。②药剂防治:用40%氰戊菊酯3 000倍液,或灭杀毙3 000倍液,喷雾防治。或用90%敌百虫1 500~2 000倍液,或5%辛硫磷1 000~1 500倍液,灌根防治。

(十二) 瓜绢螟

瓜绢螟幼龄幼虫在叶背啃食叶肉,形成灰白斑。3龄后吐丝,将叶片或嫩梢缀合,匿居其中取食,致使叶片穿孔缺刻,严重时使叶片仅存叶脉。幼虫常蛀入瓜内为害,损害瓜的产量和品质。

雌蛾产卵于叶背,散产或几粒集在一起。

防治办法:于幼虫3龄前在叶背啃食叶肉时,选用10%氯氰菊酯1 000倍液,或2.5%功夫菊酯乳油3 000倍液,或B.t乳油500倍液,或52.25%农地乐乳油800~1 000倍液,或1.8%青青乐2 000倍液,进行喷雾防治。

(十三) 美洲斑潜蝇

美洲斑潜蝇常与线斑潜蝇、瓜斑潜蝇混合危害多种蔬菜。其成虫和幼虫均能为害。雌成虫刺伤叶片,吸食汁液并产卵其中,幼虫潜入叶片和叶柄,形成不规则的白色虫道。

其幼虫活动的最适温度为25℃~30℃。

防治办法:①农业防治:加强检疫,禁止带入该虫虫源。②实行轮作,改种韭菜、甘蓝和菠菜等非寄主作物,切断寄主食物源。③药剂防治:要选择成虫高峰期至卵孵化盛期,或初龄幼虫高峰期用药。可用40%绿菜宝乳油1 000~1 500倍液,或1.8%虫螨克乳油2 000~3 000倍液,或1.8%爱福丁2 000~3 000倍液,或10%氯氰菊酯2 000~3 000倍液,进行喷雾防治。每隔5天左右喷一次,连喷3~4次。防治时,要注意交替用药,以提高防治效果。

第二节　小西瓜栽培

一、概　述

　　小西瓜(礼品瓜),是指单果重在3千克以下、品质优良的新型西瓜品种,以其奇特美丽的外表,较小的瓜型和优良的品质,为西瓜中的珍品,因而受到人们的青睐。西瓜原产于非洲南部的卡拉哈里沙漠,是目前世界上十大水果之一,位居第五。西瓜在我国已有1 000多年的栽培历史,栽培面积主要分布在华北及长江中下游地区。西瓜营养丰富,以成熟果实供食,每100克果肉含水分86.5~92克,总糖7.3~13克。西瓜性寒味甘,清凉爽口,而且含有丰富的蛋白质、钾、钙、磷、铁与多种维生素,以及人体所需要的氨基酸。西瓜具有很好的健身药用功效,能消烦止渴,解暑热,疗喉痹,宽中下气,利小便,治血痢,解酒毒等。近代医学研究证明,西瓜内所含的糖、盐、蛋白酶有治疗肾炎、降低血压的作用。

　　(一) 形态特征

　　小西瓜属葫芦科西瓜属,为一年生攀缘草本植物,主根系,分布深广,主要根群分布在20~30厘米深的耕作层内。其根系发育较早,子叶展开后产生第二次侧根,两片真叶展开时具有三次侧根,以后各级侧根生长迅速。根系纤细易损伤,木栓化程度高,再生能力弱,不耐移栽。根系不耐水涝,在连续阴雨或排水不良时,根系生长不良。

茎蔓性,茎上着生卷须、叶片、侧枝和花,密生茸毛。幼苗茎直立,节间短。当有4～5片真叶时,主蔓开始伸长。4～5节以后,节间逐渐增长,匍匐生长,至坐果期,节间长14～25厘米。西瓜分枝能力强,可形成4～5级侧枝。主蔓基部3～5节上伸出的子蔓早而健壮,结果多而大。

子叶椭圆形。真叶为单叶,互生,第一、第二片真叶小,缺刻不明显。4～5片叶后叶形具有品种特征。有较深的缺刻,成掌状裂叶,具叶柄,全叶披茸毛,有蜡质。

花为单性花,腋生,雌雄同株异花,花小,黄色。雄花的发生早于雌花。主蔓第三至第五节腋间开始着生雄花,5～7节开始着生雌花。第二朵雌花和以后的雌花间隔5～9节,其后雌雄花间隔形成。西瓜的花为虫媒花,清晨开放,午后闭合。育苗期间的环境条件,对雌花着生节位及雌雄花的比例关系密切。较低的温度,特别是较低的夜温,有利于雌花的形成,二叶期前日照时数较短,可促进雌花的发生。

果实为瓠果。小西瓜果形有圆形和椭圆形等形状,单瓜重3千克以下,表皮为绿、深绿、墨绿、黑色或黄色,间有网纹条斑等。果肉(瓜瓤)有淡黄或深黄、淡红、大红及乳白等色。

种子扁平,为长卵圆形。种皮色泽有浅褐、褐色、棕色或黑色。表面平滑,千粒重28克左右。刚收获的种子发芽率不高,是由于种子周围的抑制物质所致。经贮藏6个月后,抑制物质即可消失,种子可正常发芽。种子寿命为3年。

(二) 对环境条件的要求

小西瓜生长最适宜的气候条件是:温度较高,日照充足,空气干燥的大陆性气候。

小西瓜生长的适温为18℃～32℃,最适温度为25℃～

30℃。耐高温,当处于 40℃ 的温度下时,仍能维持一定的同化效能;但不耐低温,环境温度低于 13℃ 时生育受阻,低于 10℃ 时停止生长,处于 5℃ 时地上部分受冻害。种子发芽最低温度为 15℃,最适发芽温度为 25℃~30℃;根系生长适温为 25℃~30℃,根伸长的最低温度为 8℃~10℃,根毛发生的最低温度为 13℃~14℃;生殖生长的最适温度为 25℃~30℃,果实生长最低温度为 15℃,果实膨大和成熟的适温为 30℃左右。有一定的日夜温差,更有利于养分的积累,提高果实的含糖量。

小西瓜属喜光作物,需要充足日照;增加日照时间和光照度,可促进侧枝生长。日照强度和时间不足时,不仅影响西瓜的营养生长,而且影响子房的大小和授粉、受精过程。同时,还表现为叶柄长,叶形狭长,叶薄色淡,易染病。

对水分的要求是,需要空气干燥,土壤湿度以 60%～80% 的田间持水量为宜。水分敏感期为:坐果节雌花开放前后,如缺水,则子房小,影响结果;其次是果实膨大期,如缺水,影响果实膨大,乃至产量。西瓜对土壤的适应性较强,但最适宜的土壤是土层深厚、排水良好、肥沃的砂壤土或壤土,适宜的土壤 pH 为 5～7。

二、栽培技术

(一)品种选择

早春大棚小西瓜栽培,应选择耐低温、弱光能力强的品种。适合早春大棚种植的小西瓜品种如下:

1. 春光　极早熟,抗病性好,瓜形周正,耐贮运。早春栽培在不良条件下,雌雄花分化正常,极易坐果。果实长椭圆形,果皮鲜绿色,覆有细条带,皮薄。果肉鲜红艳丽,肉质细嫩,糖度为 13 度左右,单果重 2～2.5 千克。

2. 小 兰 黄肉,单果重 1.5～2 千克。果实圆球形或长球形,种子小而少,品质极佳。极早生,春播的生育期为 85 天。结果能力强,适合保护地立式栽培和爬蔓式栽培。栽培时要注意水分管理。

3. 黄小玉 H 为极早熟品种。早春栽培的全生育期为 95～100 天,果实成熟期为 30 天左右。长势中等,耐低温弱光。果实高球形,果皮绿色底上有墨绿色条带。单果重 2 千克左右。坐果性强。果肉鲜黄色,糖度为 12～13 度。

4. 早春红玉 极早熟,在低温弱光下坐果性好。植株生长稳健,主蔓 5～6 节出现第一朵雌花。开花坐果后约 25 天成熟。果实椭圆形,单瓜重 2 千克左右,果皮厚约 0.3 厘米,瓤色鲜红,糖度为 13 度。适合作早春大棚温室栽培。

5. 黑美人 极早熟,黑皮红肉,单果重 2～3 千克。果肉深红细爽,含糖量高达 14 度。果实为长椭圆形,果皮墨绿色,并有不明显的黑色斑纹。抗病,丰产,耐贮运,适合各种土壤。每 667 平方米产量达 3 300 千克。

6. 宝 冠 早熟,黄皮红肉,单果重 2.5 千克左右,含糖量 12 度。对白粉病、炭疽病有较好的抗性。单株结果 4～6 个以上。果皮薄而硬,相当耐贮运。在开花结果期或果实膨大期遇低温、降雨、日照不足或植株发育弱时,果皮易出现绿斑,影响外观品质。

7. 红小玉 极早熟,生长势旺盛,坐果性好,抗病耐湿。肉色为桃红色。单果重 2 千克左右,外皮具条纹。糖度为 13 度,甜味好,品质佳。果内种子少。

8. 秀 丽 极早熟,植株生长健壮,耐低温弱光。雌花在早春不良条件下能正常分化,坐果容易。从开花至成熟需

122

25～26天。果实椭圆形,外皮鲜绿色,其上覆有细条带15～16条,瓜瓤深粉红色,中心糖度为13.5度。单瓜重2千克左右。不裂果,耐贮运。

除上述品种外,还有华晶5号、玉兰西瓜、阳春、小天使、和平和秀铃等品种,均表现较好。

(二)育　苗

为了保证小西瓜的育苗质量,早春栽培时要采用塑料大棚双层薄膜覆盖设施进行育苗。如用冷床育苗,播种期应安排在2月份,选择寒尾暖头进行播种。如利用电热温床或酿热物温床育苗,可提前到元月下旬播种。小西瓜宜采用营养钵育苗,营养钵的上口径为8～10厘米;采用基质穴盘育苗时,其育苗盘规格以50孔或72孔为宜。也可以用育苗块育苗,或自制泥草钵育苗,或在育苗床上按8厘米×8厘米规格,放置种子进行直播育苗。还可以先将种子播种在苗床上,待子叶平展、心叶显露时,再移入营养钵(穴)中育苗等。苗床制作及种子处理与播种方法,参照第三章早春大棚蔬菜育苗技术,以及第五章中黄瓜育苗技术进行。

小西瓜播种后至出苗前,应密闭大棚,以提高棚内温度,促进种子发芽出苗。当多数种子顶土时,要揭去地膜,并通风降温,使白天温度保持在20℃～25℃,夜间为16℃～18℃。当第一片真叶出现后,可适当提升温度,促进幼苗生长,控制日温在25℃～28℃,夜温在18℃～20℃。早春育苗期间,寒潮天气较多,特别是夜温较低,要做好防寒保苗工作,实行大棚套小棚加草帘的三层覆盖方式保温。当遇上连续阴雨天气,光照不足时,可人工补光(方法同黄瓜栽培)。棚内要注意保持苗床干爽,宁干勿湿。移栽前4～5天,要进行降温炼苗。移栽前一天,用托布津500倍液进行喷雾,预防病虫害。当苗子达到两片真叶时,即可移栽。也可根据当地的栽植习惯,确定苗龄进行移栽。

(三) 定　植

用作早春大棚栽培小西瓜的田块,要求地下水位低,排水良好,土层深厚肥沃,前茬作物与瓜类不同科。基肥应以有机肥为主。施有机肥可以促进植株健壮生长,增进瓜果品质,减轻病虫害的发生。据作者田间试验,施用生物有机肥,比单一施用复合肥的,其蔓枯病发病率和死株率分别降低 38.1% 和 33.1%,而且果实糖度提高 1～2 度,风味佳,效果明显。对定植大田要施足基肥,每 667 平方米应施充分腐熟的农家肥 2 000～3 000 千克,过磷酸钙 50 千克,然后进行深翻细耙。在畦中央沟施生物有机肥 150 千克,或饼肥 70～80 千克后,进行做畦。每个标准棚做成 4 畦,盖好微膜,实行深沟高畦栽培。当棚内平均温度达到 12℃ 以上、凌晨温度不低于 5℃、地温在 12℃ 以上时,即可进行定植。在长江流域,一般在 3 月份定植。定植密度因栽培方式不同而异。如采用爬蔓式栽培,可单行定植,每 667 平方米栽 600 株左右,株行距为 60～80 厘米×180～200 厘米。如采用立式栽培,可双行定植,每 667 平方米栽 1 600～1 800 株,行株距为 60～80 厘米×60～70 厘米。定植时,应选择冷尾晴暖天气进行,栽后及时浇水定根,盖好小拱棚以提升棚内温度。

(四) 田间管理

1. 温度管理　定植后 5 天左右为缓苗期。在此期,要注意密闭大棚,保温保湿,提高棚温,白天维持在 30℃ 左右,夜间在 15℃,最低为 10℃,土温维持在 15℃ 以上。夜间要覆盖草帘及遮阳网。缓苗后,进入发棵期,可以适当降温,使白天温度保持在 22℃～25℃,夜间温度保持在 12℃ 以上,土温为

15℃。进入伸蔓期(自团棵到主蔓留果节位的第二雌花开放),白天温度可维持在 25℃~28℃,夜间可维持在 15℃以上。当夜间大棚温度稳定在 15℃时,应拆除棚内所有覆盖物。进入开花结果期后,又需要较高的温度,使白天温度保持在 30℃~32℃,夜间温度为 15℃~18℃,以利于花器发育和促进果实的膨大。温度的管理应实行"两高两低",即缓苗期温度要高,发棵期和伸蔓期温度要低些,开花结果期温度又要高,并保持一定的温差,从而有利于提高小西瓜的产量和品质。

2. 肥水管理 西瓜的需肥要求为:吸收钾肥最多,氮肥次之,磷肥最少。其氮、磷、钾吸收比例为 3∶1∶4。施肥应以基肥为主,追肥为辅。施肥原则为"轻施提苗肥,巧施伸蔓肥,重施结果肥"。具体为:定植 1 周后,施提苗肥 2~3 次,以稀薄人粪、尿为主,用量为每 667 平方米 200 千克左右;当主蔓伸长至 30~50 厘米时,施复合肥,用量为每 667 平方米 10~12 千克;当幼果坐稳后,长至鸡蛋大小时,施用结果肥,用量为每 667 平方米施复合肥 10~15 千克,以促进果实生长。一周后,视苗情酌施追肥一次,用量可减半。

水分的管理可结合追施肥水进行。原则上棚内不浇水。若土壤干旱,需要浇水时,可灌半沟水,让其渗入畦中。不宜灌水太饱。同时,要保持土壤水分的均衡,不能大干大水。否则,容易引起裂果现象。

3. 植株整理

(1)搭 架 植株整理是使小西瓜获取优质高产的一项关键技术。小西瓜立式栽培可以充分利用空间,改善光照条件,增加产量,提高品质等。近年来,采用小竹竿搭"人"字架支蔓,进行立式栽培效果好。其方法是,在植株基部附近插入一根小竹竿,将畦上每对应的两根,在顶上束扎在一起,束扎高度要一致。然后,在小竹竿腰间横扎一道小竹竿,顶叉上还可横扎一根竹竿,使"人"字架连成一个整体,有利于藤蔓分布均匀。当苗高 50 厘米左右时,将瓜苗绑扎在小竹竿上,引蔓上架。也可以用塑料绳进行吊栽。当瓜苗长到 40～60 厘米长时,用塑料绳吊蔓,以后每隔 30～40 厘米或每隔 3～4 片叶,采用"8"字形将主蔓扣在绳子上,进行绑蔓吊栽。

(2)整 枝 小西瓜整枝的方法有多种,如双蔓整枝、三蔓整枝和多蔓整枝。进行小西瓜早春栽培,为争取早熟高产,一般采用双蔓整枝。方法一,当主蔓长到 50～60 厘米长,即 5～6 片叶时摘心,在 3～5 节上选留两个强壮的侧枝,培育成两个长势均衡的双蔓,将其余侧枝全部抹去。其优点是,可望同时开花结果,果型整齐,商品率高。方法二,保留主蔓,在 3～5 节上选留一个强壮的分枝,培育成双蔓,将其余侧枝全部抹去。其优点是,顶端优势仍然维持,雌花开放早,提前结果,但影响子蔓结果,结果不整齐。

(3)留 果 留瓜节位,以留主蔓或侧蔓上第二、第三雌花所结果为宜。为便于掌握,生产上常以选留 11～13 节上的雌花结果为佳,可以使果实生长有较多的叶面积,有利于增大果个。在每天上午 8～10 时,要对每朵选留的雌花进行人工授粉,并挂牌标记授粉日期,以便及时采收。每根蔓上可以选留一个瓜,每株苗可留两个小西瓜。同时,还要做好其它管理工作,如除草、理蔓、剪除老叶和病叶等。采用吊蔓式栽培的,待果实开始膨大时,要进行吊瓜。

在早春栽培实践中,为提高大棚小西瓜的种植效益,有的菜农还会留二茬瓜。即当第一批瓜即将收获时,再选留雌花,进行坐果,形成第二批瓜上市。而且这一批小西瓜生产时间短,不仅可以延长小西瓜的供应期,还可节约生产成本。其单果重比前批瓜稍小,产量约为第一批瓜的 $1/2\sim2/3$,但可增加小西瓜的整体种植收入。是否选留二茬瓜,要根据市场行情而定。如果行情不好,选留二茬瓜意义就不大。二茬瓜的生产管理要点,一是坐果节以下子蔓宜尽早摘除。二是适当增施肥料,促进果实生长。三是及时摘除病叶、老叶及多余侧蔓。四是注意防治好病虫害。

(五) 采 收

小西瓜果实成熟度与品种有关。适时采收成熟果实,瓤色好,多汁味甜,品质好。小西瓜自雌花开放到果实采收,约需 30 天左右。其品种不同,果熟期稍有差异。采收时,要做到轻拿轻放,最好用果套护瓜,避免裂瓜。

(六) 小西瓜网式拱架栽培

小西瓜网式拱架栽培,是笔者等人自行摸索并实践的一种栽培法。它是在畦上搭建一个竹片小拱架,然后在上面铺一张尼龙网,再引蔓上架的栽培方法。其优点是:瓜蔓在网上分布均匀,农事操作管理便捷,果实通过网孔隔悬于网棚内,光照及温度条件均匀,果实着色好,成熟一致,优质果率高。与搭"人"字支架相比,可大大节约搭架材料,减少劳动量,降低生产成本,提高栽培效益。

小西瓜网式拱架栽培要点如下:

小西瓜在大田整地时,将标准棚(6 米宽)整成三畦,定植规格为株距 30～35 厘米,行距 145～150 厘米,每 667 平方米栽 1 600～1 800 株。然后在畦上搭建高 150 厘米左右、宽与行距相近的小拱棚架。用宽 5～6 厘米、长 3.5～4 米的竹片插入植株附近,将竹片另一端插入对应的植株附近土壤中,每隔 1 米左右插一根,间距保持一致,竹片头尾交替使用。为增加小拱棚的稳固性,可将两片相近的竹片交叉插入,然后在小拱架的顶上横绑一道小竹竿,拱架两头可用稍大一些的小木棍,打入土中进行固定,使之成为一个整体。其上再铺一张宽2.5~3米,孔格大小为5~6厘米的细尼龙网,在网的下端边缘孔格内穿入小竹竿,将小竹竿往下拉紧,并绑扎在竹片上固定好,栽培网架即告建成。当瓜蔓长到40~50厘米时,将瓜蔓绑扎在竹片上,引蔓上架。瓜蔓可均匀分布在网架上。其余的栽培管理措施与一般大棚栽培相同。

三、病虫害防治

西瓜的病虫害较多,主要有猝倒病、立枯病、枯萎病、疫病、蔓枯病、炭疽病和白粉病等。主要虫害有黄守瓜、蚜虫、潜叶蝇和红蜘蛛等。在防治上应掌握其发生规律,以防为主,做到农业防治与药剂防治相结合。具体防治办法可参照黄瓜等瓜类蔬菜病虫害防治进行。

第三节　甜瓜栽培

一、概　述

甜瓜,是一种古老的栽培作物,起源于热带非洲的几内亚。在我国有广泛的栽培,甜瓜总面积和总产量均居世界首位。甜瓜在生产上有厚皮甜瓜和薄皮甜瓜两大生态类型。厚皮甜瓜,如哈密瓜、白兰瓜和网纹甜瓜等,果实较大,一般单瓜重为1~3千克。薄皮甜瓜(又名香瓜),果实较小,皮薄可食,一般单瓜重0.3~1千克。甜瓜营养丰富,每100克可食部分含水分95.2克,碳水化合物3.5克,蛋白质0.5克,钙39毫克,抗坏血酸7毫克,以及少量的胡萝卜素和尼克酸等。维生素C的含量远比西瓜高。甜瓜瓤有止渴、除烦热、利小便、通三焦、壅塞气,治口鼻疮,暑日食之不中暑的作用。对贫血、肾病、便秘和结石等有一定疗效。

(一)形态特征

甜瓜属葫芦科甜瓜属,为一年生蔓性草本植物。甜瓜根系发达,在瓜类中仅次于南瓜和西瓜。主根深达1米以上,侧根分布在2～3米的范围内,主根根群分布在15～30厘米深的耕作层内,具有较强的耐旱能力。根系易产生木栓化,再生能力弱,不耐移植。匍匐生长于地面的茎蔓,也会长出不定根。

茎为草本蔓生。茎蔓节间有不分权的卷须。茎圆形有棱,具有短刚毛。一般薄皮甜瓜茎蔓细弱,厚皮甜瓜茎蔓粗壮。每一叶腋内着生有侧芽、卷须、雄花或雌花。分枝能力强,子蔓和孙蔓发达。但第一侧枝长势较弱。

叶片单生、互生,叶柄短,被短刚毛。叶形大多为近圆形或肾形,少数为心脏形和掌形。叶片不分裂或有浅裂,这与西瓜叶片有明显的不同之处。叶片被有茸毛,叶缘为锯齿状、波纹状或全缘状。厚皮甜瓜较薄皮甜瓜叶色浅而平展。

甜瓜花为雌雄同株,虫媒花。雄花为单性花,雌花大多为具有雄蕊和雌蕊的两性花,即结实花。甜瓜结实花常单生在叶腋内,雄花常数朵簇生,但不在同一天开放。结实花一般以着生于子蔓或孙蔓上为主。花冠黄色,钟状五裂,栽培种多属雄性花和两性花同株类型。

果实为瓠果,由子房和花托共同发育而成。外果皮有不同程度的木栓化。随着果实的膨大,木栓化的表皮细胞会撕裂,形成网纹。甜瓜果实的大小、形状和果皮颜色差异较大。

果实形状有扁圆、圆、卵圆、纺锤形和椭圆形等。皮色有绿、白、黄或褐色和橙色等。果实成熟后常发出香气。果肉有纯白、橘红和绿黄等色。

种子为披针形或长扁圆形,扁平,表面光滑,为乳白色、黄色或褐色。薄皮甜瓜种子千粒重 15～20 克,厚皮甜瓜种子千粒重为 30～60 克。种子寿命一般为 5～6 年,长的达 10 年以上。

(二) 对环境条件的要求

甜瓜属喜温耐热不耐寒的作物,对环境条件的要求与小西瓜基本相同。但也存在一定的差异。其生长的最适温度为 26℃～32℃,夜间最适温度为 15℃～20℃。甜瓜对温度反应敏感,白天在 18℃、夜间在 13℃ 以下时,植株发育迟缓。对高温的适应能力非常强,在 30℃～35℃ 的温度下仍然能正常生长结果。其各个时期对温度的要求有所差异。种子发芽的适温为 28℃～32℃,25℃ 以下时,种子发芽时间长,而且不整齐,低于 15℃ 时不发芽。茎叶生长的适温为 22℃～32℃,最适昼温为 25℃～30℃,夜温为 16℃～18℃。甜瓜根系生长的最低温度为 10℃,最高温度为 40℃,低于 14℃ 或高于 40℃,根毛停止生长。结果期以昼温 27℃～32℃,夜温 15℃～18℃ 为宜。甜瓜的生长需要一定的温差。在茎叶生长期的昼夜温差为 10℃～13℃,果实发育期的昼夜温差为 13℃～15℃。昼夜温差大,果实含糖量高,品质好。

甜瓜喜强光,要求充足而强烈的光照,每天要求有 10～12 小时以上的光照。厚皮甜瓜对光照要求严格,薄皮甜瓜对光照要求不严格。甜瓜要求较低的空气相对湿度,一般为 50%～60%。土壤水分要求是:土壤最大持水量幼苗期为 65%,伸蔓期为 70%,果实膨大期为 80%,结果后期为 55%～60%。对土壤要求不严格,以通透性好的冲积砂土和砂壤土最为适宜。甜瓜为忌氯作物,不宜施用含氯的肥料和农药,以免对植物造成不必要的伤害。

二、栽培技术

(一)品种选择

早春甜瓜应选择耐弱光照,在低温条件下能正常生长的品种。

1. 厚皮甜瓜品种 适宜作早春栽培的厚皮甜瓜品种有:

(1)蜜世界 台湾农友种苗公司育成。果实微长球形,果皮淡白绿色至乳白色,果面光滑。单瓜重 1.4~2 千克。低温结果能力强。从开花至果实成熟需 45~55 天。肉色淡绿,含糖量为 14~17 度。果肉不易发酵,耐贮运。

(2)玉 姑 早熟,不脱蒂,结果力强,产量高,耐贮运。果面光滑或稀有网纹。果肉厚。单果重 1.2~1.8 千克,含糖量为 15~18 度,肉质柔软细腻。

(3)西薄洛托 为从日本引进的品种,白皮白肉,长势中等。株型小,适宜密植。花后 40 天果实成熟,单瓜重 1~1.5 千克。香味浓,含糖量为 14~16 度。较抗病,适应性强,适宜密植。

(4)状 元 由台湾农友种苗公司育成。黄皮白肉,株型小,紧凑,易结果,早熟,低温下果实能正常膨大。花后 40 天左右可采收。果实橄榄形,单瓜重 1.5 千克,含糖量为 14~16 度,肉质细嫩。果皮坚硬,不易裂果,耐贮运。

(5)金 帅 果皮金黄,银白色槽明显且深,果脐小。单果重 1.5 千克左右,含糖量为 14~15 度,肉质细腻甜脆,耐贮运,品质佳。抗病性强,商品性好,早熟性好,从结果到成熟需要 35 天左右。

(6) 伊丽莎白 早熟,高产,适应性广,抗逆性强,耐低温弱光能力强,节间短,易坐果。果实圆球形,果皮橘黄色,果肉白色,含糖量为 14～16 度,单果重 0.6～0.8 千克,最大达1.5千克。果实具浓香,耐贮运,花后 30 天左右成熟。

(7) 银翠(网纹瓜) 果皮光滑,奶白色。果肉浅绿色,近种子腔微红,肉质细嫩多汁。单果重 1 千克左右,果肉厚 4 厘米左右,糖度为 13 度左右。进行春季栽培,其全生育期为110 天。

2. 薄皮甜瓜品种 适合作早春栽培的薄皮甜瓜品种有:

(1) 日本甜宝 早熟,果实近圆球形。果皮绿色,微透黄色。单瓜重 500 克左右。果肉青翠,含糖量为 16～17 度。肉质松甜,坐果容易,抗病性强,不易裂果。每 667 平方米产量为 2 000～3 000 千克。

(2) 黄金瓜 为江浙一带农家品种,中熟,从播种到成熟需 80～90 天。果实卵圆形,果皮金黄色,肉白色。果皮覆有约 10 条白色条带,表面光滑,近脐处有不明显浅沟,脐小皮薄。含糖量在 10 度以上,单瓜重 250～500 克,较耐贮运。

(3) 白砂蜜 早熟品种,从开花至成熟需 28～30 天。果实圆形,皮白色,微透黄亮,白瓤,白籽。单瓜重 500 克左右,含糖量为 14～16 度,质脆爽口,味香甜。抗逆性强,耐贮运,每 667 平方米产量为 3 000 千克左右。

(4) 吉安香瓜 为江西古老的农家品种。早熟。分枝力强。茎蔓淡绿色,叶片心脏形,绿色。第一雌花着生于侧蔓1～2 节处。瓜梨形,高约 13 厘米,横径约 10 厘米,瓜皮乳白色,肉白色,单瓜重 400～500 克,含糖量为 10～11 度。

(5) 菱形金瓜(别名金瓜) 为江西吉安等地农家品种。早熟。分枝力强。叶片心脏形。瓜近圆形,高 10 厘米左右,横径为 10 厘米左右。皮黄绿色,有 10～11 条纵沟,顶部有环状凹陷。肉绿白色,厚 2 厘米,单瓜重 500 克左右。

(6)华南 108(广州蜜瓜) 从日本引进,由广州市果树所系选而成。中熟,从播种至成熟约需 85 天。以子蔓结果为主。果实扁圆或倒卵圆形,果皮绿白色,成熟时有黄晕,呈金黄色,美观。果脐明显,脐部有 10 条浅沟。果肉淡绿色,质地软或稍脆,味甜,香气浓郁,含糖量为 13 度。耐贮运。

(二)厚皮甜瓜栽培

1.育 苗 甜瓜早春栽培,产品提早上市,价格好,效益高。进行甜瓜早春栽培,要采用塑料大棚双层覆盖等保温设施进行栽培,采用温床或冷床、营养钵或穴盘基质方法育苗,以培育壮苗移栽。具体育苗方法同小西瓜的育苗。

2.定 植 用塑料大棚作定植棚。要施足基肥,肥料以有机肥为主,每 667 平方米施用充分腐熟的优质农家肥 1 500～2 000 千克,过磷酸钙 60 千克,混合施入土壤耕作层内,再沟施生物有机肥 150～200 千克加复合肥 20～30 千克于畦中央,然后进行整地,每个标准棚(6 米宽)内整成 4 畦,盖上微膜待栽。

棚内土壤 10 厘米处地温升到 15℃ 以上时为定植适期。长江流域地区一般在 2 月下旬至 3 月上旬定植。在苗龄 3～4 叶期,选择冷尾暖头晴朗天气进行定植,定植规格为:单蔓整枝的每 667 平方米栽 1 800 株左右,行株距为 80 厘米×(40～45)厘米;采用双蔓整枝的,每 667 平方米栽 900 株,行株距为 80 厘米×80 厘米;若采用爬地式栽培,则每 667 平方米栽 650 株,方法是每棚做成 3 畦,每畦中间栽一行,株距 40 厘米,双蔓双向整枝。甜瓜定植后覆土,浇水,并用湿土将地膜栽口封严。

3. 田间管理

(1) 温度管理 根据厚皮甜瓜各个生育阶段对温度的要求,搞好温度调控。从定植后到成活前为缓苗期,此期应保持较高的棚温,使白天温度维持在 30℃,夜间保持在 18℃以上。从缓苗后到开花前,可适当降低棚内温度,将其维持在25℃~28℃为宜。进入开花结果期及果实膨大阶段,棚内温度在白天又应控制在 28℃~30℃,夜间为 15℃~18℃,以适当提高温度,促进果实生长。果实进入糖分转化阶段,则应以控温为主,保持昼夜温差至少在 10℃以上,在管理措施上,当白天棚温在 32℃左右时,夜间可不盖棚。在果实膨大期,当外界最低气温稳定在 15℃以上时,可掀去裙膜通风。

(2) 植株整理与设立支架 甜瓜的整枝,有单蔓整枝和双蔓整枝两种方式。进行单蔓整枝时,留一条主蔓,将结果节位下面和上面各节位的侧蔓全部摘除。一般将 10~14 节作为坐果节位,当植株达到 25 节左右时进行摘心。幼果开始膨大后,将坐果节以上的侧芽摘去,并在摘除顶心后将腋芽全部摘除。进行双蔓整枝时,当瓜蔓长到 5~6 片叶时,留 4 片真叶摘心,在基部选留两条强壮的子蔓,让其平行生长,将其余的子蔓都摘除。子蔓的留果节位在 8~12 节,20 节以后摘心。两条侧蔓上的打杈、打顶心和抹芽,操作方法同单蔓整枝。整枝时应掌握前紧后松的原则。一般以在上午整枝为宜。立架栽培的单蔓和双蔓向上延伸,爬地式栽培的则双向延伸。

当瓜蔓长到 6~7 片叶时,要设立支架进行立式栽培。可设立"人"字架引蔓上架,或进行吊蔓,吊蔓方法同小西瓜。甜瓜的支架栽培,一般不采用小西瓜的网式栽培法。据试验,甜瓜茎叶茂盛,瓜蔓负荷比小西瓜藤蔓负荷重,容易压垮网式拱架。若甜瓜要使用网式拱架栽培,则需加固拱架,增加竹拱密度,以防止网式拱架被压垮。

栽培早春大棚甜瓜,外界气温较低,昆虫活动少,需进行人工授粉。通常在上午8~10时授粉为宜。如遇寒潮低温天气,雄花无花粉时,可使用"坐瓜灵"以帮助坐果。操作方法是,在雌花开花头一天下午或开放的当天,用坐瓜灵可湿性粉剂200~400倍液洒瓜胎,或用10~20倍坐瓜灵溶液涂抹果柄。对有结实花蔓,留两片叶后摘心;对无结实花蔓,将其自基部摘除。一般每条蔓坐果两个,最好能连续坐果和留果。当幼果长到鸡蛋大小时,应及时进行疏果,最好每株留两个果,最多留三个果。

(3) 肥水管理 定植时浇足缓苗水,以促进缓苗。在伸蔓期,视苗情追一次速效氮肥,用0.2%~0.3%尿素或复合肥水溶液淋根。开花坐果后,再追一次肥,用量为每667平方米施复合肥10~15千克。

(4) 二茬瓜管理 甜瓜栽培如留二茬瓜时,可参照小西瓜方法进行生产管理。

4. 采　收 要根据不同品种的成熟标准,以及从开花到收获所需的天数,来确定具体的采收期。过早采收,甜瓜着色差,糖分低,具苦味。过熟采收,甜瓜又不耐贮运。采果时多将瓜柄剪成"T"字形绿色果柄,表明新鲜度高,商品性好。

(三) 薄皮甜瓜栽培

薄皮甜瓜,在长江流域及黄淮海地区,多是采用露地或小拱棚栽培。一般在4月份播种,7月份收获。近年来,推广使用塑料大棚栽培,或前期塑料中棚覆盖,中后期撤膜行露地栽培,使薄皮甜瓜的播种期提早到元月下旬至2月上中旬,上市期相应提前到5月份,可填补市场空缺,充当水果应市,具有较高的经济和社会效益。

1. 育苗及移栽

栽培早春大棚薄皮甜瓜,要获取高产早熟产品,以采取育苗移栽方式为佳。育苗方法同厚皮甜瓜。采用塑料大、中棚作定植大棚,要施足基肥,每 667 平方米施厩肥 2 000~3 000千克,过磷酸钙 50 千克,施后进行翻耕,再用生物有机肥 150千克沟施于畦中央。不要施含氯离子的化肥,以免影响甜瓜的品质。施肥后整地做畦时,要求深沟高畦。每个标准大棚内做 4 畦,简易塑料中棚内做两畦(建棚方法见第二章内容),畦做好后盖上微膜。当苗龄达到 3~4 叶时,可进行定植,定植密度为每 667 平方米栽 900~1 000 株。爬地式栽培,每畦栽一行于畦中央,大棚定植规格为株距 35~40 厘米,中棚株距为 45~55 厘米。栽后浇足缓苗水,用湿土封住栽植口。

2. 田间管理   早春大棚薄皮甜瓜的田间管理方法如下:

第一,缓苗期要关闭棚门,适当提高棚内温度,使棚温维持在 30℃左右,以促进缓苗。缓苗后,应适当降低棚内温度。

第二,搞好植株整理。薄皮甜瓜一般都采用三蔓整枝。当幼苗长到 4~5 片叶时摘心,促进子蔓生长,选留 3~4 条强壮的子蔓,将其余子蔓全部摘除。当子蔓长至 8 片叶时摘心,利用子蔓和孙蔓的第一雌花结瓜。每棵留果 4~5 个。为提高坐果率,可采用坐瓜灵保果,使用方法同厚皮甜瓜的保果。

第三,采用塑料中棚栽培的,当气温回升后,可在 4 月中旬前后撤去中棚,实行露地栽培。采用塑料大棚栽培的,也可以掀去两边围膜通风。塑料中棚栽培的后期改成露地栽培后,要做好清沟排渍工作,做到雨停沟干,田干地爽,降低田间湿度。其它管理措施同厚皮甜瓜早春大棚栽培。

3. 采   收   薄皮甜瓜在花后 25~30 天采收。采收标准是:果实具有本品种的色泽和香味,果实表面出现小裂纹,果梗离层形成,果实易脱落,果肉变软等。薄皮甜瓜表现出这些特征后,即可进行采收。

三、病虫害防治

甜瓜的病虫害较多。其病害主要有枯萎病、疫病、蔓枯病、炭疽病、霜霉病、白粉病等。虫害主要有蚜虫、潜叶蝇和黄守瓜等。可参照其它瓜类的防治办法对甜瓜的上述病虫害进行防治。

第四节　瓠瓜栽培

一、概　述

瓠瓜,别名葫芦、蒲瓜、夜开花等。它是我国栽培的葫芦科蔬菜中历史悠久的一种,原产于赤道非洲南部低地。种植瓠瓜,以嫩果供食用。其表皮绿色或淡绿色,体内水分丰富。瓜肉白色细嫩,鲜甜味美,是低脂肪低热量食品,为春、夏季的主要蔬菜之一。每100克嫩瓜含水分约95克,粗纤维1克,蛋白质0.6克,脂肪0.1克,碳水化合物3.1克,还含有胡萝卜素以及其它矿物质和维生素等。中医认为,瓠瓜性平,味甘淡,有利水消肿,止渴除烦,通淋散结的功效,可治水肿、腹水、疮毒和黄疸等病。成熟瓜的瓜皮坚硬,取出瓜瓤和种子后,可作贮水容器等使用。另外,瓠瓜还可作瓜类作物的抗枯萎病砧木。

(一)形态特征

瓠瓜属葫芦科瓠瓜属,为一年生攀缘草本植物。瓠瓜为浅根系,根系发达,根群主要分布在 20 厘米以内的耕作层内,再生能力弱,不耐渍,耐旱力中等。茎蔓生,分枝能力强。茎五棱,中空,绿色,密被白色茸毛。茎节处很容易发生不定根、腋芽、卷须与雄花或雌花等,以侧蔓结瓜为主。

单叶互生,心脏形或近圆形。叶片大,有浅裂缺刻,叶缘齿状,叶柄长,被有茸毛。顶端具有两枚腺体,被有茸毛,有利于减少水分蒸发。雌雄异花同株,单花,腋生,也有个别 1 对着生的。偶有两性花。花钟形,花冠白色,大部分在夜间或早晚弱光照的时间开放,故名"夜开花"。主蔓着生雌花较迟,侧蔓 1～2 节即可发生雌花。瓠瓜的花为虫媒花。

瓠瓜,有短圆柱、长圆柱或葫芦形。嫩瓜绿色,瓜肉白色,肉质。老熟瓜肉变干,茸毛脱落,果皮坚硬,黄褐色。单果重 1～2.5 千克,种子较大,卵形,扁平,灰白色,千粒重 120～170 克。

(二) 对环境条件的要求

瓠瓜喜高温,不耐低温与霜冻。其种子在 15℃温度下开始发芽,在 30℃～35℃时发芽最快,生长适温为 20℃～25℃。在 15℃以下时生长缓慢,10℃时停止生长,5℃以下时受害。能适应较高的温度,在 35℃左右仍然正常生长和坐果,且果实发育较好。当子叶展开后,地下部生长快,而地上部生长趋慢。当第四、第五片真叶展开后,地上部生长加快,节间伸长,叶腋开始产生卷须。主蔓抽生子蔓,子蔓上又抽生孙蔓。在营养生长阶段(即播种后到第一朵雌花开放前),喜湿润气候。进入结果期后,喜晴天,需要充足光照。

瓠瓜主蔓着生雌花较晚,侧蔓多在第一、第二节着生第一朵雌花,以侧蔓结果为主。瓠瓜属短日照植物,苗期短日照有利于雌花的形成。低温短日照,促雌效果更好。在开花期,对光照强度比较敏感,多在弱光的傍晚开花。用100～200毫克/升的乙烯利溶液进行处理,可使主蔓提早发生雌花,抑制雄花发生。

对光照条件要求高,阳光充足,生长和结果良好。其生长要求肥沃、疏松、富含有机质的土壤,以保水保肥能力强、灌溉便利、地下水位低等田块为好。

二、栽培技术

(一) 品种选择

瓠瓜的农家优良品种较多,近些年育成的优良杂交品种也较多。适合用作早春栽培的优良品种如下:

1. 三江口瓠瓜 为江西省南昌地区农家优良品种,极早熟,较耐寒,高产,肉细嫩,味稍甜,品质优良。第一雌花着生于主蔓3～4节,瓜为棒形,长45～50厘米,横径为7～8厘米,表皮淡绿色,单果重1～1.2千克,每667平方米产量在3 000千克以上。

2. 线瓠瓜(孝感瓠子) 为湖北省孝感地区农家优良品种。瓜为长圆筒形,腰部稍细,先端略有膨大,长60～70厘米,粗6～7厘米。瓜皮绿色,顶端稍弯,略呈尖形,有少量白色茸毛,早熟,耐寒。以侧蔓结瓜为主,单瓜重0.5～1.0千克。

3. 杭州长瓜 为浙江省主栽品种。该品种长势旺,分枝能力强,以侧蔓结果为主。瓜为长棒形,直或稍弯曲,长40～60厘米,横径为4.5～5.5厘米,瓜色淡绿,肉乳白色,品质佳。单瓜重0.7～1.0千克。喜湿,怕高温,不耐旱。每667平方米产量3 000千克。

4. 华瓠杂一号 由华中农业大学育成。早熟,长势旺,分枝力强,从定植到始收瓜需 50 天左右。主蔓第六节着生第一雌花。侧蔓节位低,第一节着瓜。瓜青绿色,有少量白色茸毛,长圆筒形,长 40 厘米以上,肉白色,单瓜重 0.5 千克左右。

5. 长 乐 早熟,植株生长强健,以子蔓和孙蔓结瓜为主。雌花发生多,结果力强。其瓜长圆筒形,瓜皮光滑,青绿色,商品性好,单瓜重约 0.8 千克。果肉白色,肉质致密细嫩,微甜。耐低温、贮运,抗病性较强。

6. 南京面条瓠子 为南京地方优良品种。早熟,果实淡绿色,上下粗细相近,柄部稍细。果皮薄,有光泽。肉厚而嫩,白色。瓜长 65 厘米左右,横径为 5.6 厘米左右,单瓜重 1～1.5 千克。

(二) 育苗与移栽

早春塑料大棚瓠瓜栽培,应根据所采用的不同育苗设施确定播种期。如采用冷床育苗,可在 2 月中下旬播种;如采用酿热物温床育苗,可在 2 月上旬播种;若用电热温床育苗,可安排在元月下旬至 2 月上旬下种。具体育苗方法同黄瓜。当瓠瓜苗长到 4～5 片叶时,可定植到大棚内,采用塑料大棚加小拱棚的双层覆盖保温设施作定植大棚。大棚整地前,要施足腐熟的厩肥,每 667 平方米施 2 500～4 000 千克,并沟施生物有机肥 150～200 千克,施后进行整地。每个标准棚内土壤可整成 4 畦,盖上微膜待栽。一般可提前 10～15 天进行整地,扣上大棚提温。

进入 3 月上中旬,当瓠瓜苗子长到 4～5 片叶时,抢寒尾暖头天气进行定植。定植采用立架栽培法。定植畦宽(含畦沟)1.3～1.5 米,每畦栽植 2 行,株距 40～45 厘米,每 667 平方米栽 1 000～1 200 株,栽培深度以子叶离地面 1 厘米左右为宜。有的地方也有密植习惯,可每 667 平方米栽植 1 400

株,以密取胜。栽后要及时浇水定根。

　　（三）田间管理

　　1. 温、湿度管理　移栽后3~4天,可关闭棚门,适当提温,以促进瓠瓜缓苗。缓苗后,将棚内温度降至20℃~25℃,并转入正常的温度管理。大棚内瓠瓜后续温、湿度等管理措施,可参照黄瓜等瓜类蔬菜栽培的方法进行。早春大棚瓠瓜栽培,正处于低温阴雨天气条件下,而且多变,常有强寒潮天气出现,因此要及时注意做好棚内防寒保暖工作,采取双层薄膜覆盖的保温措施。同时,也要搞好棚内通风降湿等调控措施,改善大棚内的环境条件。

　　2. 植株调整　瓠瓜以侧蔓结瓜为主。根据瓠瓜子蔓生长习性,主蔓第一至第三节发生的侧蔓生长慢且弱,从第四节以后生出的侧蔓,生长快而粗壮。据此,摘心不宜提早,应在主蔓发生6~8片叶时摘心,以促进侧蔓发生。然后,选留2~3个强侧蔓,将多余的侧蔓全部摘去。当子蔓坐瓜后,留两片叶后摘心,以促进孙蔓的发生。孙蔓结瓜后亦摘心,以促进结果。

　　当植株长到40~50厘米长开始爬蔓时,要搭"人"字架进行立架栽培,在"人"字架上用小竹竿绑2~3道横杆,便于绑蔓,以利于扶苗上架。当第一瓜采收时,将基部不结瓜的侧蔓全部摘除。以后,随着结瓜节位的上移,对下层的黄叶、老叶和密集的叶片,要及时摘除。同时要经常摘除卷须,以便集中养分供瓜生长。

　　3. 肥水管理　瓠瓜缓苗活棵后,可轻施一次促苗肥,以促进生长,用量为每667平方米浇施人粪、尿500~1 000千克。在摘心后和果实膨大期,可进行适量追肥,每667平方米用复合肥10千克,进行浇施。以后视苗情酌情施追肥。同时,还可进行叶面喷肥。如用 0.3%～0.5%磷酸二氢钾溶液等叶面肥,进行叶面喷施,效果良好。

4. 促进雌花发生,提高产量 瓠瓜的开花习性往往是先开雄花,或连续开几朵雄花后才出现雌花。用乙烯利处理可促进雌花形成。在早春栽培中,用乙烯利处理瓠瓜时,其处理时期要提前,处理液浓度要相对降低。处理方法是:用 150 毫克/升乙烯利溶液在瓠瓜 4～6 片真叶时进行喷施,可提早开雌花和增加雌花,减少雄花量。喷施乙烯利溶液后,可从主蔓第十一节左右开始发生雌花。同时,为了防止化瓜,可进行人工辅助授粉,授粉时间应在傍晚进行。

(四) 采 收

瓠瓜是以嫩果供食用,因此必须及时采收嫩果。否则,会降低质量。进行早春栽培,由于气温低,果实发育慢,花后 15～20 天才能采收。其采收标准为:瓜体充分膨大,顶端圆形,色泽鲜绿,布满刚毛。达到这些标准即可采收。若瓠瓜光滑无毛,转成绿白色时,收获则已过迟。

三、病虫害防治

瓠瓜的病害主要有霜霉病、白粉病和炭疽病等,虫害主要有瓜蚜、瓜绢螟和斜纹夜蛾等。瓠瓜病虫害的防治办法,可参照黄瓜病虫害防治方法进行。

第五节　西葫芦栽培

一、概 述

西葫芦,别名美洲南瓜,原产于北美洲南部,于 19 世纪中叶传入我国。种植西葫芦,常以嫩瓜供食用。嫩瓜口感好,营养丰富,颇受消费者喜爱。每 100 克鲜瓜中,含水分 95.5 克,蛋白质 0.7 克,碳水化合物 2.4 克,粗纤维 0.7 克,钙 22 毫克,磷 6 毫克,以及人体所需要的无机盐、维生素和多种矿质元素。中医认为,西葫芦具有清热利尿、除烦止渴、润肺止咳、消肿散结的功能。西葫芦含有一种干扰素的诱生剂,可刺激机体产生干扰素,提高免疫力,发挥抗病毒和肿瘤的作用。西葫芦富含水分,有润泽肌肤的作用。由于西葫芦耐寒性强,作早春栽培时可在蔬菜淡季采收上市,是一种较理想的补淡蔬菜,具有较好的经济效益和社会效益。因此,近年来各地西葫芦种植面积发展较快。

(一) 形态特征

西葫芦属葫芦科南瓜属,为一年生草本植物。西葫芦根系强大,幼苗期发根迅速,主根入土可深达 1.5～2.0 米,但大部分根群分布在离地表 30 厘米以内的耕作层,分布直径达 1.0～3.0 米。茎矮生或蔓生,主茎有很强的分枝性;茎 5 棱,多刺;茎秆粗壮,中空。

叶片大且硬,直立粗糙,多刺,掌状深裂,五角形,有白斑。叶柄长 25～30 厘米,节间长 2～3 厘米,叶幅为 24 厘米×30 厘米。雌雄同株异花,花单生,黄色。雄花筒喇叭状,裂片大;雌花萼筒短,萼片渐尖形,一般雌花大于雄花,午前开放,午后凋萎。

果实的形状、大小和颜色因品种而异。果实多为长圆筒形,表面平滑,果皮为深绿、浅绿、白色、黑色、金色或黑白相间的花纹等颜色。瓜长 22 厘米左右,横径为 7 厘米左右。蜡粉少,单瓜重 0.5～0.8 千克。肉质细,味似葫芦,气似南瓜。种子扁平或披针形,为灰白色、黄褐色或浅黄色等。种子千粒重

140～170 克,发芽率高。

(二) 对环境条件的要求

西葫芦是瓜类中生长迅速且旺盛的一种蔬菜,它对栽培条件和气候条件有着较强的适应力。

西葫芦较其它瓜类耐低温,但不抗高温。种子发芽的最低温度为 13℃,最高温度为 35℃,最适温度为 28℃～30℃。温度低于 10℃或高于 40℃,种子均不发芽。西葫芦生长发育最适宜的温度为 18℃～25℃,适当的低温有利于雌花的分化。果实膨大的适宜夜温为 10℃～20℃,但受精良好的果实在 8℃～10℃的夜温下,也能正常生长成大瓜。如果温度超过 32℃,其花则发育不正常。根系伸长的最低温度为 6℃,最适温度为 15℃～25℃。在低温短日照条件下,结瓜节位低,有利于开雌花。

西葫芦具有强大的根系,有较强的吸水能力,但它的叶片宽大,蒸腾作用旺盛。因此,要适时浇水灌溉,缺水易造成落叶萎蔫而落花落果。土壤水分过多时,也会影响根系正常生长,导致地上部分的生理失调。因此,地上部生长要求干燥的空气条件,空气相对湿度以 45%～55%为宜。水分管理原则为:前期控制水分,促根控苗,促进植株向生殖生长转化;结瓜期要满足水分供应,以利于果实膨大。

对光照的适应性很强,既喜强光,又耐弱光。幼苗期光照充足,可提早第一雌花的开放。进入结果盛期更需强光。若遇弱光高湿,则易引起化瓜。在长期阴雨条件及高温长日照条件下,雌花节位高,甚至只开雄花。

西葫芦对土壤要求不严,以 pH 值为 5.5～7.0 的砂质壤土,最适宜其生长。果实生长吸收钾肥最多,氮、磷肥次之。

二、栽培技术

(一) 品种选择

进行西葫芦早春栽培,应选用耐低温、长势强、抗病、瓜条顺直的短蔓型早熟品种,以达到增加前期产量和提早上市的目的。可供选择的主栽品种如下:

1. 早青一代　由山西省农业科学院蔬菜所育成。雌花多,瓜码密,早熟,耐低温能力强。一般第五节开始结瓜,可同时结3~4个瓜。瓜长圆筒形,嫩瓜皮浅绿,叶柄短,开展度小,主蔓短,适宜密植。单瓜重 0.6~0.8 千克,每 667 平方米产量在 5 000 千克以上。

2. 长青王　由山西省农业科学院蔬菜所育成。极早熟。植株矮生,节间短,叶片深绿色。一般以第四、第五节开始着生雌花,一株可同时坐 3~4 个瓜。瓜为细长棒形,嫩瓜皮呈绿色,耐贮运。瓜长 28~32 厘米,横径为 7~7.5 厘米,每 667 平方米产量为 6 000 千克左右。

3. 中葫 2 号　由中国农业科学院蔬菜所育成。植株矮生,主蔓结瓜,侧枝稀少,以采收嫩瓜为主。瓜为长筒形,皮色金黄,可生食。第一雌花出现在第十节左右,抗病性好,每 667 平方米产量为 3 000 千克以上。

4. 金皮西葫芦　为韩国品种。耐寒,抗病,生长势较强,结瓜性状好。叶片缺刻深,颜色深绿。瓜体有光泽,金黄色。瓜肉白色,瓜长 25~30 厘米,横径为 4~5 厘米,每 667 平方米产量为 6 000 千克左右。

5. 一窝猴　早熟,耐寒,植株茎蔓短,分枝多。第一雌花着生在主蔓第八节,可结瓜 3~4 个。瓜长筒形,长 36 厘米,横径为 16 厘米,单瓜重 1~2 千克。嫩瓜皮青绿色,间有密布网纹,老熟瓜转为红黄色。

(二)育 苗

早春大棚西葫芦栽培,要遵照"早播、早栽、早收"的栽培原则,夺取早熟高产。因栽培设施和育苗条件不同,选定好播种育苗时期。①利用塑料大棚套小拱棚作育苗设施的,可在12月至元月上旬,采用电热温床或酿热物温床进行育苗;或采用冷床育苗,可在元月中下旬进行育苗。②利用塑料中棚或小拱棚作栽培设施的,可在元月下旬至2月上旬进行温床或冷床育苗。为保证培育壮苗,以采用营养钵育苗为佳。可选用10厘米×10厘米的营养钵(盘),或泥草钵进行育苗。育苗大棚的建造,参照第二章的有关内容进行。育苗床及营养钵的准备与种子处理,参照第三章有关内容进行。种子处理时应注意的一点是,在浸种时要用手搓掉种皮上的黏液,换水后再进行种子浸种、消毒与催芽工作。

当种子芽长约0.5厘米时进行播种。播种前,先将营养钵或苗床土用水浇透,待水渗下后播种。然后,用细土或培养土盖籽,厚约0.5~1厘米。然后盖上地膜,建好小拱棚,关闭大棚,保温保湿。小拱棚上的草帘等覆盖物,要早揭晚盖,增加光照度,提高棚内温度,保持高温促出苗。苗期遇寒潮天气,要采用大棚加小棚加草帘的三层保温方法。西葫芦播种后,出苗前棚内温度应保持在25℃~30℃,夜间为18℃~20℃,地温在15℃以上。一般经过3~4天即可出苗。当大部分(约有70%)出苗时,可适当降低棚温,掀去地膜等覆盖物,开始通风换气,使白天温度降至25℃左右,夜间降为13℃~14℃为宜。出苗后,要实行变温处理,以诱导雌花形成。即从子叶展开到第一片真叶全展时,白天温度要保持在20℃~25℃,夜间温度要降至10℃~13℃,以促幼苗粗壮和雌花分化,也有利于防止幼苗徒长。定植前 10 天,进行降温炼苗,保持通风,并将夜间温度降至 10℃左右,以增强幼苗的抗性。棚内要保持干爽,表土不发白,不浇水;必要时结合施肥,进行肥水的浇施。

(三)定 植

定植田应选择疏松肥沃,与前茬作物不同科的地块,施足基肥。用量为每 667 平方米施腐熟的有机肥 3 000～3 500 千克,进行深翻整地,然后沟施生物有机肥 150～200 千克或饼肥 100 千克,整成畦宽(包沟)1.3～1.5 米的畦,每个标准棚内可做成 4 畦,盖上微膜待栽。采用大棚套小棚定植的,其定植期可在 2 月中下旬;采用中棚或小拱棚定植的,其定植时期在 3 月上旬。苗龄在 3 叶一心到 4 叶一心时,选择冷尾暖头的晴天进行定植,株行距为 0.8 米×0.6 米,每畦栽 2 行,每667 平方米栽 1 000～1 100 株,栽后盖好棚膜保温,并做好强寒潮天气的多层覆盖保温工作。

(四)田间管理

1. 棚内温度管理 缓苗期需要较高的温度,白天可以保持在 28℃～30℃,夜间保持在 18℃以上。缓苗后,白天温度应降至 22℃～25℃,夜间为 10℃～15℃,以便利于雌花的提早形成和开放,亦可促进根系的生长,抑制瓜苗的徒长。当根瓜膨大后,可将棚内温度适当提高,以不超过 30℃为宜。进入结瓜盛期,外界温度稳定在 12℃以上时,可昼夜通风。4 月中旬后,可拆去中小棚。

2. 肥水管理 缓苗后可轻施一次提苗肥,用稀薄的粪水浇施。在结瓜期追肥 1～2 次,每 667 平方米施复合肥 15～20 千克。以后视苗情酌情施追肥。

3. 保花保果

早春大棚内气温低,西葫芦自然授粉较为困难。因此,必须进行人工授粉。可在每天上午 8～9 时,采下刚刚开放的雄花,用毛笔把雄蕊的花粉轻轻涂抹在雌花的柱头上,进行授粉。还可以用 2,4-D 进行处理。方法是,在上午 9～10 时,用 20 毫克/升 2,4-D 溶液,喷洒雌花,或者用 30 毫克/升防落素溶液喷雌花柱头。也可以采用人工授粉和激素处理相结合的办法,效果将更好。

对病叶、老叶、侧枝和卷须,要及时摘除,以利于通风透光,提高产量。

(五) 采 收

西葫芦应采食嫩瓜。在其开花后 10 天,即可采收嫩瓜上市。要做到适时早采,以利于后续结果,促进果实膨大。

三、病虫害防治

早春大棚西葫芦的主要病害,有病毒病、灰霉病、白粉病和霜霉病等,主要虫害有蚜虫、潜叶蝇、白粉虱和红蜘蛛等。其防治办法可以参照瓜类蔬菜的病虫害防治方法进行。同时,还要注意做好白粉病的防治。

白 粉 病

苗期至收获期均可发生此病。叶片发病重,叶柄和茎次之。发病初期,在叶面或叶背上产生白色近圆形小粉斑,其后发展成边缘不明显的连片白粉,严重时整个叶片布满白粉。

发病条件:温度为 10℃～25℃ 时均可发生,以 20℃～25℃ 时发病最重。高温干旱与高湿条件交替出现时,易引起此病流行。

防治办法:避免干旱或干湿不均,培育健壮植株。药剂防治:发病初期,可用40％杜邦福星乳剂8 000倍液喷雾,或20％粉锈宁乳剂1 500倍液,或甲基托布津600～800倍液,每5～7天喷一次,交替用药。也可用百菌清烟剂或粉锈宁烟剂,进行熏蒸防治。

第六节 苦瓜栽培

一、概 述

苦瓜,别名凉瓜,原产于印度等亚热带地区。我国的苦瓜栽培面积,广泛分布于长江流域及其以南地区。栽培苦瓜,以嫩果供食。因苦瓜中含有一种糖苷,而独具清香味,是所有瓜类中惟一不含糖的瓜果。每100克嫩瓜,含水分94.2克,蛋白质0.7～1克,碳水化合物2.6～3.5克,抗坏血酸56～84毫克,以及多种维生素和矿物质。其维生素C的含量是西红柿的7倍;维生素B_1的含量是一般蔬菜的两倍以上。苦瓜中的苦味物质,有促进食欲、利尿活血、消炎退热、解除疲劳、清心明目的功效。苦瓜中含有几种苦瓜素,经药理试验表明,苦瓜素具有抗癌及降血糖的作用。因此,苦瓜被誉为食疗保健蔬菜,市场前景甚佳。

(一) 形态特征

苦瓜属葫芦科苦瓜属,为一年生攀缘草本植物。它根系较发达,侧根多,主根可伸长2～3米,侧根分布在离地表30～40厘米深的土层内,根系吸收肥水能力强,喜湿,不耐渍。在幼苗期和伸蔓期,根系生长发育比地上部分占优势,因而根群发达。

苦瓜的茎蔓长,具无限生长性。茎五棱,细而长,绿色,攀缘性强。被茸毛。侧蔓多,侧蔓上再生侧蔓(孙蔓),节上易生不定根。卷须单生。初生真叶对生,单叶盾形。以后叶片为单叶互生,掌状深裂,绿色或黄绿色,叶表面被茸毛或光滑无毛。从伸蔓期开始,叶腋间生长卷须,主、侧蔓上都能发生卷须。

苦瓜属雌雄异花同株。花单生,腋生,花冠黄色。同一植株上一般雄花发生早,在4～6节始生;雌花一般着生在8～22节或更高节位。当植株长到3～5片真叶时,开始花芽分化。苗期低温短日照,有利于花芽分化,始花节位也较低。花一般在早晨6～9时开放,雄花开放后次日凋萎。

苦瓜形状有纺锤形、圆锥形和圆筒形。表面有纵行的、大小稀密不等的不规则瘤状突起。嫩瓜为绿色或浓绿色、乳白色及黄白色等。种子盾形、扁状,黄色且有花纹。种皮厚而硬,种子千粒重150～180克。常温下,种子贮存寿命为3～5年。

(二) 对环境条件的要求

苦瓜喜温、耐热,但不耐低温。其各生育阶段对温度要求是:种子发芽的适宜温度为30℃～33℃,在20℃以下发芽缓慢,13℃以下发芽困难。苗期和伸蔓期的生长适温为16℃～25℃,在此温度范围内,温度越高生长越快。在25℃～33℃的高温条件下,易发生徒长而形成弱苗;温度低于15℃时,苦瓜生长缓慢。开花结果期所需要的适宜气温为20℃～30℃,以25℃～28℃为宜,在33℃以上和15℃以下时,对苦瓜的生长和结果都不利。苦瓜耐热性较强,又能适应比较低的气温,是早春大棚栽培高产的主要原因之一。

苦瓜属短日照作物,但对光照要求不严格。它不耐长时间阴天,而喜强光照射。苗期在短日照光条件下,能促进花芽分化和雌花的形成。开花结果期如遇连续4～5天的阴雨,光照不足,会引起落花落果。

苦瓜喜湿润,但不耐涝。要求空气相对湿度和土壤湿度为80%～90%,田间不积水。结瓜盛期要充分满足植株对水分的需要,但切勿大水漫灌,造成棚内积水。苦瓜较耐肥,要求土层深厚的砂壤土和黏质壤土,并要求氮、磷、钾、钙、镁等养分齐全。

二、栽 培 技 术

作者对早春塑料大棚苦瓜高产栽培技术,进行了多年的试验摸索,并在生产实践中总结出了行之有效的早春大棚苦瓜栽培法,概括为:"一精"(精细管理)、"二适"(适时播种、适当密植)、"三早"(早管理、早人工授粉、早防病虫害)和"四大"(塑料大棚、大穴、大肥、大苗)的早熟丰产高效栽培法。在赣中地区(吉安),使早春苦瓜的上市期提早到4月下旬,前期产量高,从而实现了高效栽培的目的。

(一) 品种选择

种植早春大棚苦瓜,要选择早熟、丰产、耐寒性强且适合消费习惯的品种。如有的地方喜欢白皮苦瓜,有的则喜欢绿皮苦瓜等。在种植苦瓜时,选择品种要注意加以满足,从而使产品适销对路。适合作早春栽培的优良品种主要如下:

1. 赣优 1 号 由江西省农业科学院蔬菜研究所育成。特早熟,植株生长旺盛,分枝力强。主蔓第一雌花节位为7～9节。主侧蔓均能结瓜。瓜体绿白色,棒形,瓜长35厘米,横径为6厘米,单果重400克。耐寒耐肥力强,每667平方米产量为2 500千克。

2. 翠绿－号大顶苦瓜 由广东省农业科学院蔬菜研究所育成。耐寒性强,长势强,适应性广,坐果力强。以主蔓结果为主。瓜中圆锥形,瓜长16～18厘米,横径为8～10厘米,单瓜重400克,瓜色翠绿有光泽。

3. 春蕉苦瓜 由湖南省蔬菜研究所育成。植株生长势旺,分枝性强,以主蔓结瓜为主。主蔓第九节左右着生第一朵雌花,特早熟。瓜棒形,色翠绿。单瓜重 300 克左右,长 26～30 厘米,粗 6～7 厘米。每 667 平方米产量为 3 000 千克左右。

4. 冷江－号苦瓜 由湖南省冷水江市蔬菜研究所育成。极早熟。3～5 节开始着瓜,一般一节一瓜。瓜长 30～40 厘米,单瓜重 0.6～1.5 千克,品质好,风味佳,色泽白嫩,表面光滑美观,肉质细嫩。

5. 吉安长苦瓜 为江西省吉安农家优良品种。早熟,高产,生长势旺,分枝力强,主侧蔓均能结果。第一雌花着生于主蔓 7～9 节。瓜长 80 厘米,横径为 8 厘米,表面有 8～9 条瘤状突起,肉淡绿色。平均单瓜重 0.7 千克,最大单瓜重 1～1.5 千克,每 667 平方米产量在 3 000 千克以上。

6. 杨子洲苦瓜 南昌市杨子洲地方优良品种。茎蔓较细,有棱。瓜条棒槌形,先端渐大略扁,长 40～57 厘米,横径为 7～9 厘米,瓜面有瘤状突起,大而稀,有几条纵突纹。嫩瓜淡绿色,老熟瓜橙红色,单瓜重 750 克左右。

此外,还有绿霸二号苦瓜和兴蔬春玉苦瓜等,也是适宜早春栽培的优良品种。

(二) 育 苗

早春大棚苦瓜栽培,要获得前期产量和提早上市,需要采用温床及大棚作保护设施,用营养钵(穴盘)育苗,实行大苗移栽,播种应选择在元月下旬至 2 月上旬的晴好天气进行。如果采用冷床育苗,播种期可安排在 2 月上中旬。苦瓜种子壳硬而且厚,吸水慢,因此必须进行人工破壳以利于出苗,培育壮苗。种子的人工"破壳"方法,详见第三章中破壳催芽法的相关内容进行。在栽培实际中,如果苦瓜种子不进行人工破壳播种,由于播种期处于元月份至 2 月份的低温阶段,种子的萌动出芽时期长达 10～15 天,甚至更长。由于往往受长时间低温影响,会致使种子烂种而不能出苗,影响育苗质量,严重时甚至导致育苗的失败。生产中,也常常出现因苦瓜种子未破壳催芽就进行直播,而造成出苗困难和成苗率低的现象。因此,人工破壳成为苦瓜早春育苗技术的关键环节。

破壳种子的催芽及播种方法,参照黄瓜种子的催芽、播种方法进行。苦瓜的耐寒性比黄瓜稍弱些,应加强增温保苗工作。在寒冷天气,可实行大棚套小拱棚加草帘的三层覆盖方式保温。覆盖物要早揭晚盖,以增加光照,提高棚内温度。出苗前棚内温度可维持在 28℃～30℃,夜间以在 20℃ 左右为宜。约有 70％ 左右的种子顶土出苗时,应及时掀去覆盖在畦面上的地膜,并支起小拱棚。出苗后,棚内温度可适当降至 20℃～25℃,夜间为 15℃～18℃。要注意棚内的通风换气,使苗床保持干爽,宁干勿湿。苗床水分要适量。阴雨天气时,上午要使棚内秧苗叶片无水珠凝结。晴天的中午,叶片轻度萎蔫,能在下午 2 时左右恢复正常。若苗床土较干时,可在晴天上午适当洒水,或结合施 8％ 左右的腐熟人粪、尿肥水,以湿润为度,切勿水分过多。当苗子有 4 片真叶时,可进行定植。定植前 5～7 天,要施好送嫁肥和送嫁药,并进行适度降温炼苗。

(三) 定　植

用塑料大棚作定植棚,每个标准大棚内可做成 4 畦。整地开穴时要施足基肥。可将肥料进行穴施,以提高肥料的利用率。其方法是按照 1.2 米×0.5 米的规格,开好定植穴,每 667 平方米约 1 100～1 200 穴,每穴为 25～27 厘米左右见方,深 25～27 厘米。在定植前 10 天,每穴施入腐熟厩肥 7～10 千克,草木灰 0.5 千克,复合肥 0.05 千克。将三种肥料与土混匀后施下,然后整平畦面,覆盖地膜待栽。进入 3 月份,气温达到 10℃以上,苗子长到 4 片叶时,选择晴天进行移栽。实行大苗移栽,按照定植穴的位置,将大小苗分开定植,并及时浇定根水,及时关闭棚门保温。并在棚内加小拱棚,进行双层覆盖促增温缓苗。

(四)田间管理

1. 温度管理 苦瓜定植后,约需 5 天左右的缓苗期,在缓苗期内,棚内温度可略高些。缓苗结束后,棚温要适当调低,转入正常的温度管理。其棚内温度管理措施,可参照黄瓜等瓜类蔬菜早春栽培要点进行。

2. 肥水管理 苦瓜耐肥不耐瘠。除施足基肥外,定植后要及时进行追肥。其施肥原则是:定植活棵后施一次促蔓肥,一般用 10%稀薄人粪、尿浇施;开花初期及采收第一次瓜后,可每 667 平方米用复合肥 25～30 千克,进行追肥。以后每采收 1～2 次,追施一次腐熟人粪、尿肥水。进入结果期,可每 7～10 天喷一次 0.3%的磷酸二氢钾,以促进生长和开花结果。

3. 整枝引蔓 苦瓜的整枝,应根据品种的结果习性进行。以主蔓结果为主的品种,应及时摘除侧蔓。主蔓和侧蔓均可结果的品种,前期应摘除主蔓基部的侧蔓,选留中部以上侧枝结果,并及时摘除过密的无瓜老蔓、细弱侧枝和老弱病叶等,以利于通风透气。同时,要摘除畸形瓜。在 25～30 片叶时,要进行摘心。若对苦瓜实行长季节栽培,则可不摘心。

当苦瓜苗达到 45 厘米左右时,设立"人"字架,引蔓上架。以后每伸长 30 厘米左右,即绑一道蔓。进入 4 月中旬前后,气温逐渐升高时,可将大棚膜两边掀起通风。若撤去大棚膜后,瓜蔓可顺"人"字架爬至棚顶,大棚架还可起到作苦瓜支架进行布蔓的作用,大大改善通风透光条件,有利于进一步提高苦瓜的产量。

4. 人工授粉 进入 4 月上旬左右,苦瓜即开始开花。早春大棚内气温较低,棚内空气流动小,而且传粉昆虫几乎没有。因此,要及早进行人工授粉,以利于坐果。其方法是将当日开放的雄花摘取,去掉花冠,将雄蕊散出的花粉涂抹在雌蕊柱头上。或者用强力坐瓜灵(0.1‰吡效隆)30~50 毫升,对水 1 升,用以涂抹花柄。苦瓜授粉后,约需 12~15 天左右,即到 4 月下旬,便能达到商品成熟标准。

(五) 采 收

苦瓜的商品成熟标准是:皮色发亮,瘤状突起饱满,瘤沟变浅,瓜顶颜色变浅,尖端较为平滑。嫩瓜达到上述标准,即可采收上市。

三、病虫害防治

苦瓜的病害,主要有白粉病、疫病、炭疽病、枯萎病及蔓枯病等,虫害主要有瓜绢螟、瓜蚜、黄守瓜等。其防治方法可参照瓜类蔬菜病虫害的防治办法进行。

苦瓜的病虫害防治,要早进行,实行"预防为主,综合防治"的原则。可采用在苗期打预防药的办法进行防治,即施肥水时,可结合掺入广谱性的药剂,如多菌灵或甲基托布津等药剂,一并施下,进行预防。实行健身栽培,其防治效果更为理想。

第七节 冬瓜栽培

一、概 述

冬瓜,原产于我国和印度,广泛分布于亚洲热带、亚热带和温带地区。它栽培历史悠久,在我国南北各地均有栽培,以南方栽培较多。它在长江流域是极为重要的大宗蔬菜。栽培冬瓜,以果实供食用。其嫩梢也可菜用。每100克果实,含水分95～97克,碳水化合物2.4克,蛋白质0.4克,以及多种维生素和矿物质。冬瓜高钾低钠,不含脂肪,热能低,并含有18种氨基酸,属优质的食物。食用冬瓜,具有消暑、利尿、解渴和去肿毒等食疗作用。种子煮食,能治内脏脓疡、阑尾炎和痔疮等疾病;种子糖浆可治气管炎和百日咳,具有较高的保健功能。多吃冬瓜,可使人体内的脂肪转化为热能,起到减肥作用。因此,冬瓜属一种健美食品。

(一) 形态特征

冬瓜属葫芦科冬瓜属,为一年生攀缘草本作物。其根系为直根系,十分发达,分布深广,一般主根入土深度可达1～1.5米,侧根和枝根横向伸长达2.5米以上。耐旱性强,既耐肥水,又耐瘠薄,生长势强。

冬瓜茎蔓性,五棱,中空,绿色。被银白色茸毛,分枝力强,茎蔓繁茂。主蔓从6～7节开始抽生卷须,每节生腋芽、卷须和花。每个腋芽都可萌发长成侧蔓(子蔓),侧蔓再抽生"孙蔓"及"孙孙蔓"。

叶互生,单生,多为掌状,有5～7个浅裂,绿色,叶柄较长,叶片宽大。叶柄和叶面上都密生白色刺毛,叶面和叶背均较粗糙,有明显的网状叶脉,背部突起显著。

冬瓜花为雌雄异花同株,少数品种为雌雄同的两性花。花单生,早熟品种第一朵雌花多发生在4～5节叶腋间,中晚熟品种分别发生在9～12节和15～25节叶腋间。一般先开雄花,随后发生雌花。花钟形,花冠黄色,子房下位,开花时间在每天上午7～9时;如遇阴雨天可延迟到10时以后开放。开花前一天,花粉就已有发芽能力,但受精能力最强的时期是花朵的盛开期。

冬瓜为瓠果，有圆形、扁圆形、椭圆形、长椭圆形和棒形等。瓜皮为浓绿色、绿色或浅绿色，被白蜡粉或者无。全瓜被茸毛并随着瓜的成熟而相继脱落。种子近椭圆形，扁平，种孔一端稍尖，浅黄色，有棱或无棱，千粒重 50～100 克。种子发芽年限为 3～5 年，以 1 年内新籽生活力最强。

（二）对环境条件的要求

冬瓜喜温又耐热。种子发芽、生长及结果的温度范围为20℃～30℃，适宜温度为 25℃～30℃。当温度低于 15℃以下时，不但茎蔓和叶片生长不良，而且开花和授粉不正常，降低坐果率。冬瓜各生育时期对温度的要求为：种子发芽期适宜温度为 30℃～35℃，低于 20℃时发芽迟缓，出苗不整齐。幼苗期所需适温为 25℃～28℃，若低于 20℃时，幼苗生长缓慢，但秧苗健壮。若温度达到 30℃左右时，幼苗生长快，但植株纤细。从抽蔓到开花结果期的温度以 25℃～30℃为宜。如果低于 20℃，则授粉不好。坐果率低，果实发育不好。在幼果发育初期，如气温突然下降，低于 20℃的温度条件维持 2～3 天时间，亦能引起落瓜现象。

冬瓜属短日照作物，但其多数品种对光照要求不严格。冬瓜是一种喜光作物，如光照充足，每天有 10～12 小时光照，则冬瓜生长良好。一般而言，幼苗期短日照，有利于早开雌花，早结瓜，获取早期产量。冬瓜进入生长中后期后，则要求较强的光照，以满足瓜果快速生长的需要。

冬瓜喜欢高温干燥环境，但各生育阶段对水分的要求有所不同。前期生长缓慢，耗水不多。进入初花到结果期，蔓叶旺盛生长，果实膨大，需水量多，要充分满足水分要求。进入结果后期，特别是采瓜前，要适当控水，使果实的干物质含量增多，商品价值提高，且耐贮藏和运输。

冬瓜对土壤的适应性强,以 pH 值 5.8～6.8 的壤土最为适宜。冬瓜植株喜肥耐肥,其对氮磷钾的吸收比例为 2.1：1：2.4。在施肥上,应以有机肥为主,配合施用速效肥料。

二、栽培技术

(一)品种选择

用作早春大棚栽培的冬瓜品种,要求具有早熟、丰产、耐寒性强和适应性广等特点。生产上,进行早春大棚种植一般选择小果型品种或中果型品种种植。大果型品种一般属晚熟种,一般不宜选用。适合作早春栽培的冬瓜品种如下:

1. 江西早冬瓜 系江西省上饶等地农家优良品种。极早熟。第一朵雌花着生于主蔓第三至第五节。瓜为短圆筒形,长 20 厘米,横径为 15 厘米,单瓜重 2.5～3.5 千克。

2. 一串铃冬瓜 早熟品种。植株生长势中等,节间长,侧枝多,要及时整枝,否则易落瓜。一般 5～7 节着生第一朵雌花。瓜为扁圆形,下端略大,皮青绿色,有白蜡粉,密生粗茸毛,成熟后瓜面有一层白霜。瓜肉白色,单瓜重 1.5～2 千克。每株结嫩瓜 4 个左右。抗病,较耐贮藏。

3. 后基冲冬瓜 系湖南省株洲市的地方优良冬瓜品种。植株生长势和分枝性都强。第一朵雌花着生于 15～16 节,以后每隔 4～5 节出现一朵雌花。瓜长圆筒形,长 80～90 厘米,横径为 35～40 厘米,皮青绿色,上布条纹和白色斑纹。瓜面有瘤状凸起及棱状浅沟,表皮有白色稀疏刺毛,单瓜重 40～50 千克。

4. 广东黑皮冬瓜 瓜长圆柱形,长 40～50 厘米,横径为 25 厘米,肉厚 6.5 厘米,单瓜重 15～20 千克。皮墨绿色。耐热,抗病,耐贮运。每 667 平方米产量为 4 000～5 000 千克。

5. 湖南粉皮冬瓜 植株生长旺盛,主蔓 17～22 节着生第一雌花。蔓性强。瓜长圆筒形,中部略细,长 60～85 厘米,横径为 23～35 厘米,单瓜重 20 千克左右。表皮被有茸毛和白色蜡粉。较耐日灼。

6. 青杂二号 由长沙市蔬菜研究所育成。早熟,植株蔓生,主蔓第八至第十节着生第一朵雌花,雌花间隔 1～6 节,坐瓜率高。采收嫩瓜的单株可结瓜两个,瓜长 30～40 厘米,单瓜重 13 千克以上。

7. 广东青皮 系广州市农家优良品种,植株长势旺,分枝力强。以主蔓结瓜为主。叶片掌状,边缘有中等深度的缺刻。第一雌花着生于 15～20 节。瓜长圆柱形,状如炮弹,长 45～60 厘米,横径为 20～25 厘米。单瓜重 8～15 千克,大的可达 35～50 千克重。瓜色青绿,果肉白色。

此外,还有白星 101、早丰冬瓜、上海小青皮和南京一窝蜂等冬瓜优良品种,也可供早春大棚栽培。

(二) 育 苗

进行冬瓜早春栽培,可采用塑料大棚套小拱棚加草帘的保护设施,实行营养钵或基质穴盘育苗。营养钵规格为 10 厘米×10 厘米,穴盘可选用 32 孔或 50 孔规格。有条件的可用电热温床或酿热物温床进行育苗,其播种期可安排在元月下旬至 2 月上旬。如果利用冷床育苗,其播种期应安排在 2 月中旬前后,选择寒尾暖头晴好天气播种。种子的处理、催芽及播种方法,参照早春大棚黄瓜栽培方法进行。由于冬瓜种壳硬且厚,吸水慢,发芽迟缓,因而可将种子破壳后播种,以利于出苗,方法依第三章中破壳催芽法进行。冬瓜种子破壳播种,是确保冬瓜早春大棚育苗质量的一项有效措施。特别是利用冷床育苗,由于播后常遇上低温阴雨天气,造成出苗时间过长,引起出苗困难或烂种。因此,冬瓜的破壳播种是冬瓜育苗的重要技术之一。

冬瓜播种后,要及时关闭棚门,进行保温保湿,以促进种

子出苗。育苗期棚内的日常管理,可参照苦瓜等瓜类蔬菜早春栽培方法进行。同时,还需注意以下几点:

第一,出苗后遇上晴天温度较高时,要及时打开大棚两头,进行放风降温,炼苗3～4天,以免产生"高脚苗"和"弯腰苗"。此后,棚内仍然要日揭夜盖,以保持适宜的温度,促进幼苗稳健生长。

第二,当出现第一片真叶时,要及时追施一次促苗肥,用稀薄粪水浇施,促进秧苗健壮生长。

第三,育苗棚内的温度管理,应掌握"二高二低"的原则。即出苗前温度要高,出苗后温度要低;秧苗尚未转青时温度要较高,移栽前炼苗阶段温度要低。

在定植前5～7天,要进行炼苗处理,并施好送嫁肥和送嫁药。操作方法是用50%多菌灵800倍液和5%的稀薄粪水一并浇施,然后带药带肥移栽。

(三)定 植

定植用田块要早耕深耕。有条件的可以经过冻垡。定植棚可选用塑料大棚或塑料中棚,每667平方米面积可撒施充分腐熟的有机肥2 000～3 000千克后,沟施生物有机肥100～150千克,或复合肥50～75千克于畦中央,选择土壤干爽时进行整地,将畦面整平,盖上微膜,闭棚提温。移栽时苗龄要适中。当苗子长到4～5片真叶时,在3月中旬前后,视气温回升情况进行定植。定植规格为:行株距(1.2～1.4)米×(0.7～0.9)米,每畦栽1行。中小果型品种每667平方米栽800～1 000株,大果型品种每667平方米栽500～700株,栽后点浇稀粪水,用细土压封栽植口。定植时,要注意抢晴移栽,并使苗子尽量多带土、带肥、带药移栽。定植后,关好棚门,并加小拱棚覆盖保温保湿。

(四) 田间管理

1. 温、湿度管理

(1) 缓苗期温、湿度管理 从定植到定植后长出一片新叶时为缓苗期。约为 7~8 天,缓苗期温、湿度管理的目的,是促根系伤口愈合,多发新根,防止植株萎蔫,缩短缓苗期。此时,白天温度应保持为 25℃～30℃,夜间为 15℃～18℃。缓苗期不追肥,不浇水,尽量减少大棚通风时间。

(2) 伸蔓期温度管理 此期为长出一片新叶后到主蔓第一雌花现蕾。植株经过缓苗期后,其温度转为正常管理,因而可适当降低棚温,使夜温在 10℃～14℃,昼温为 22℃～26℃,昼夜温差 12℃左右。其光照时数以 9 小时左右为宜。

(3) 结瓜期温度管理 此期为主蔓第一朵雌花开放到采收结束,是植株营养生长和生殖生长的旺盛时期,温度要求为白天 25℃～32℃,夜间 12℃～18℃,并要求较强的光照条件。当棚内温度高于 32℃以上时,要及时通风降温。

2. 肥水管理 冬瓜生长期长,生物产量高,应供给较多的肥水。根据冬瓜伸蔓期前期植株小、生长慢、需肥少,进入坐果期生长旺盛,边开花、边结果、肥水需求量大的生长特点,在施肥上要实行"促、控、重"的技术措施。即在苗期要薄施肥水提苗,促生长,可每 15 天左右浇一次肥水,用量为每 667 平方米施腐熟人、畜粪、尿水 200～300 千克加尿素 3~4 千克浇施,促进茎叶生长。冬瓜进入始花阶段,要控制肥水的供应,以利于坐果。当幼瓜达到 1 千克左右时,应重施肥水,促进果实发育,可每隔 10～15 天,每 667 平方米用复合肥 10～15 千克,穴施于植株基部附近。以后视苗情追肥。因此,在肥料的施用量上,应掌握好"前轻、中稳、后重"的原则,促进冬瓜的稳健生长和平衡增产。

在水分的管理上,冬瓜在结果期要求土壤湿润,需水量大。土壤干旱时，要在早晚灌半沟水，以湿润土壤。

3. 植株整理 冬瓜早春大棚栽培多为地冬瓜，不需搭架，植株调整因品种和长势而定。整枝方法之一：当瓜蔓长到70厘米左右时，可划破地膜，用泥土压瓜蔓 2～3 叶节，以后再压蔓 1～2 次。选留 1～2 个健壮侧蔓，将其余侧蔓摘除。由主蔓和侧蔓结瓜。当每株结果两个后，将主蔓摘顶，让侧蔓任其生长。同时，要理顺瓜蔓，使其分布均匀。整枝方法之二：选择在主蔓 23～35 节坐果，每株坐稳果两个以后，在坐果后 15 节左右摘顶，让侧蔓任其生长。

4. 人工授粉 早春大棚内昆虫活动少，需进行人工授粉。人工授粉可在早上 7～8 时进行。亦可用坐瓜灵 5 毫升对水 1 升，用微型喷雾器喷瓜胎一次，进行保果。

（五）采 收

冬瓜在花谢后 35～40 天，一般便可采收。其成熟的标准是：冬瓜表皮茸毛稀少，颜色深绿。达到这一标准的冬瓜，即可采摘上市。

三、病虫害防治

冬瓜的主要病害，有枯萎病、疫病、炭疽病、白粉病、病毒病和绵腐病等，虫害有瓜绢螟、黄守瓜、红蜘蛛和瓜蚜等。

在防治措施上，要实行综合防治。通过采取合理轮作、科学施肥、增施有机肥、交替用药，清洁田园，减少病虫基数等措施，综合防治冬瓜病虫害。实施药剂防治时，可参照其它瓜类蔬菜的防治办法进行。

第六章　豆类蔬菜栽培

第一节　菜用大豆栽培

一、概　述

菜用大豆,别名毛豆、黄豆、枝豆。大豆是我国的特产之一,在我国已有 5 000 年的栽培历史,是我国的五大作物之一,全国各地均有种植,南方地区以长江流域栽培较多。近年来,菜用大豆实行大棚和地膜覆盖的早春栽培,使上市期提前到 4 月底至 5 月初。由于其采收上市早,弥补市场淡季,栽培效益高,因而栽培面积迅速扩大。菜用大豆的嫩豆粒和干豆粒,均可菜用,但以食用嫩鲜豆为主。嫩鲜大豆营养丰富,富含蛋白质。每 100 克鲜嫩大豆粒,含水分 57～69.8 克,蛋白质 13.6～17.6 克,脂肪 5.7～7.1 克,胡萝卜素 23～28 毫克,以及多种维生素和氨基酸等。嫩鲜大豆食用时,不仅可以炒、煮和凉拌,还可制罐或速冻出口,是我国出口蔬菜的主要种类之一。

(一)形态特征

菜用大豆属豆科大豆属,为一年生草本植物。菜用大豆为直根系,根系发达,主根圆锥形,主根系入土深约 1 米,但根系主要分布于表土 20 厘米范围内。靠近地表的茎基部,会由于培土而产生须状不定根。菜用大豆的根系着生根瘤,根瘤菌固定的氮素,可占菜用大豆需氮量的 1/3～1/2,是菜用大豆的主要肥料来源。固氮菌为好气性细菌。土壤疏松,通透性好,有利于根瘤的生长发育。

茎秆坚韧,圆形或不规则形。幼茎为绿色或紫色,老茎灰黄色或棕褐色,密生茸毛。主茎下部腋芽可形成分枝,上部的腋芽多形成花芽。茎分为直立、半直立、半蔓生和蔓生等类型。

子叶出土后,初生真叶1对,单叶对生。从第二节开始,为三出复叶,叶互生,具叶柄和托叶。小叶的形状、大小和颜色与品种有关。花为蝶形花,花小,着生在叶腋间的茎上和茎的顶端,总状花序,每个花序有10～15朵花,以淡紫色或紫色较多,自花授粉。果实为荚果,每个花序结3～5个荚,每个荚含种子1～4粒,以2粒居多。荚果在植株上的分布和生长习性互不相同,通常可分为三种类型:①无限结荚习性:主茎和分枝的顶芽不转变成顶花序,具有继续生长能力,可一边开花结荚,一边进行茎叶生长。营养生长和生殖生长重叠时间长,此类多为晚熟种。②亚有限结荚习性:其开花习性同无限结荚习性类型,但顶芽结荚率较高,不是结一两个荚,而是形成一簇荚果。③有限结荚习性:该类品种在开花后不久,主茎和分枝顶端即形成一个顶生花簇荚果,此类多属早熟品种。

种子的形状有圆、椭圆、扁椭圆和肾形等。颜色有黄、青、黑、褐及双色等。百粒重10～20克,种子寿命为4～5年。

(二) 对环境条件的要求

菜用大豆的生育期可分为种子发芽期、幼苗期、开花结荚期和鼓粒成熟期。各个时期对环境条件的要求略有差异。

菜用大豆是喜温作物,在温暖的环境条件下生长较好。种子发芽的最低温度为6℃～8℃,以10℃～12℃发芽正常。生长发育期间以15℃～25℃最适宜,幼苗能忍受短期-5℃以下低温。根系生长的最低温度为10℃～12℃,正常生长温度为 14℃～16℃。开花结荚期适温为 22℃～28℃,在昼温24℃～30℃,夜温 18℃～28℃下开花提早,在不低于 16℃～18℃的环境下开花多。生长后期,对温度的反应特别敏感,昼温超过 40℃时,结荚率明显下降。温度过高,生长提早结束,种子不能完全成熟。

菜用大豆是喜光作物,对光照条件反应敏感。由于花荚分布在植株的上、下部,植株各个部位均要求有充足的阳光。早春大棚种植菜用大豆,要注意保持棚膜清洁,以利于光合作用。每天 12 小时的光照,即可起到促进开花、抑制生长的作用。菜用大豆属短日照作物。北方品种南移,开花期提早,生长期缩短,产量降低,引种时应格外注意。

对水分的需求量较大。菜用大豆在不同生育期,对水分要求有所不同。种子萌发时,要求土壤中有较多的水分,以利于出苗整齐。幼苗期相对干旱一点,可促进幼苗根系发达。始花期到盛花期生长较快,应保持土壤水分的充足。结荚期水分充足,有利于豆荚生长和鼓粒。

菜用大豆对土壤的适应能力强,以排水良好、富含有机质、土层深厚和保水保肥性强的壤土为佳。植株对氮、磷、钾需求最多,其次是钙、镁、硫等元素肥料。播种前增施磷肥,生长期间进行磷肥叶面喷肥,效果良好。施用氮肥,应以有机肥作底肥。在始花期追施氮肥,增产效果显著。

二、栽培技术

(一) 品种选择

早春大棚菜用大豆栽培,要选择早熟性好、生育期短、较耐寒的品种种植,适宜早春栽培的品种如下:

1. 台湾 75 毛豆 早中熟品种,具有限结荚习性。株型紧凑,茎秆粗壮,抗倒伏性较强。株高65～70厘米,单株分枝2～3个,白花,豆荚大,青粒,百粒重60～65克。每667平方米鲜荚产量为600千克,品质优良,口感好。

2. 292毛豆　为从台湾地区引进大陆地区栽培的品种。早熟,分枝性强,结荚多,主茎7～8节,分枝3～4个,株型紧凑,荚浅绿色,密生白茸毛。植株抗病,耐低温干旱。播后65～70天收获嫩荚,每667平方米产鲜荚500～600千克。

3. 特早95-1　由上海农业科学院选育而成。春栽采青荚,生育期75天左右。植株较矮,有限结荚,着荚密集,荚大而饱满,豆粒鲜绿,容易烧酥。该品种耐寒性强,每667平方米鲜荚产量为550～600千克。

4. 华春18　特早熟毛豆,有限结荚习性。结荚密集,3粒荚比例占70%以上。茸毛白色,鲜荚绿色,软绵鲜美,最适鲜食。每667平方米产鲜荚500～600千克。

5. 青酥2号　极早熟,从播种到采收需75～78天。株高30～35厘米,分枝3～4个,节间9～11节,有限结荚,荚多而密,豆粒大而饱满。平均单株荚重90克,鲜豆百粒重70～75克,每667平方米鲜荚产量为500千克以上。

除此之外,还有早选3号毛豆、春绿毛豆、春丰早毛豆等品种,作早春大棚栽培均表现较好。

（二）大棚整地与播种

1. 整　　地　进行早春菜用大豆的栽培,目的是使菜用大豆提早上市,填补春淡市场供应的空缺。因此,要采用塑料大棚加地膜覆盖或加盖小拱棚等保温设施,进行菜用大豆栽培。菜用大豆应与非豆科作物实行3年以上的轮作,以黏砂壤、黏壤、砂壤和壤土为宜,但以壤土为佳。棚地要施足基肥,每667平方米施有机肥2 000千克,过磷酸钙40千克,三元复合肥25千克，进行精耕细耙，整平做畦。畦面宽100～150厘米，畦高20厘米。对早春菜用大豆的直播田及定植田块进行整地时，应力求土壤细碎，畦面平整，这样才有利于菜用大豆的发芽与出苗，达到苗齐、苗壮的目的。因此，精细整地，力求土壤细碎，也是早春菜用大豆早熟、丰产的关键环节之一。

2. 种子处理与直播 播种前，最好先晒种1～2天，再进行精选，去除小粒、秕粒及虫蛀的种子。用钼酸铵进行拌种，具体方法是：每千克种子用钼酸铵1～2克。将钼酸铵放入瓷盆中（不宜用金属容器，以免发生沉淀反应），先用适量温水将钼酸铵溶解，再用凉水稀释，用水量与种子量相当。然后将其与种子拌和，待溶液被种子全部吸收后，将种子阴干，然后播种。需要注意的是，拌种液要随配随拌，不宜配后久置。经钼酸铵拌种后，一般可增产12%～42%。

当5厘米深处的地温达到10℃以上时，选冷尾暖头抢晴播种。早春菜用大豆一般在2月上中旬进行直播，行距为30～35厘米，穴距为20～25厘米，每穴播种3～4粒。播种时，穴底要平，种粒要散于穴底，每667平方米的播种量为7～7.5千克，播后盖土2～3厘米厚，再每667平方米用96%金都尔45～60毫升，对水50升配成药液，用以对畦面进行喷雾，可有效防除杂草。然后，在畦面上再覆盖地膜，四周用土压实，进行保温保湿。或者不盖地膜，直接盖小拱棚，然后关闭棚门保温，促进出苗。

3. 育苗移栽 早春菜用大豆除了直播以外，还可以进行育苗移栽。按照上述直播的方法进行种子处理，用大棚进行育苗，播种后覆土2厘米厚，畦上撒一层糠灰，以利于吸热增温，再用小拱棚覆盖保温。大田用种量为每667平方米3～4千克。播种后保持苗床土湿润，夜间加盖草帘，出苗后注意通风。当菜用大豆一对真叶出现后,要及时移栽。移栽大田的整地方法,以及定植规格,可参照直播方法进行。定植时每穴栽两株,要求大小一致。否则,小苗受大苗的控制,不利于均衡生长。因此,大小苗要分开移栽。栽植深度以子叶露出地面1.5厘米左右高为宜。栽后用细土封住栽植口。定植后,大棚内用小拱棚覆盖闷棚7天左右,促进缓苗。缓苗后转入正常的管理。

(三)田间管理

1. 大棚的温度管理 直播的菜用大豆,当幼苗子叶顶土后,应及时破膜帮助出苗,并进行查苗和补苗,确保每穴有2～3株苗,每667平方米留苗1.8万～2万株。温度管理的总原则是:前期防冻保暖,后期加强通风换气。直播棚在播种前1周扣好大棚提温,播后立即盖好地膜或加盖拱棚膜。菜用大豆出苗前,棚内温度应控制在15℃～25℃,生长期温度应控制在20℃～25℃,开花期保持适宜温度20℃～28℃。在管理上,应根据各个时期的生长特性及对温度的要求,以及天气状况,及时闭棚保暖与通风换气,做好温度的调控工作。特别是在前期,由于低温、寒潮、阴雨等天气发生频繁,因而要注意采取双层薄膜或三层覆盖的保温措施,增温保苗,促进生长,形成早熟产量。

2. 肥水管理 菜用大豆苗期根瘤尚未形成,应追施10%的稀薄肥水提苗。但是,重点是在开花结荚期追肥。这个时期也是需肥的高峰期。在开花初期,每667平方米可用三元复合肥6～8千克或尿素10千克,对水后浇施。并且,要进行叶面喷肥2～3次,用0.3%磷酸二氢钾水溶液,进行叶面喷施,每隔7～10天喷一次,选在上午10时前或下午4时后进行喷雾,但最好是阴天喷施。在结荚鼓粒期,应再在叶面喷施

0.4％磷酸二氢钾两次,以有效地提高结荚数,促进籽粒膨大。为了减少花、荚脱落,加速豆粒膨大,增加产量,还可以用钼酸铵进行叶面喷肥。其方法是:在苗期和开花前各喷一次,用量为每 667 平方米用 0.05％～0.1％的钼酸铵溶液 30～50 升,对叶片的正反两面进行喷施,以扩大吸收面,提高肥效。

进行水分管理时要注意,在播种后至出苗前不宜浇水。苗期要保持棚内土壤干爽,不积水。土壤过干时可适当浇水。进入开花结荚期,水分管理应实行“干花湿荚”的原则,同时,做好田间的开沟排渍工作。

(四) 采 收

早熟菜用大豆栽培,贵在一个“早”字。一般大棚栽培在 4 月底至 5 月初进入采收期,应适时分批采摘豆荚,以便及早上市,赢得市场效益。采收标准是:豆荚充分长大,豆粒饱满鼓起,豆荚由碧绿转为浅绿色时,进行采收。如果超过采青期,荚色较黄,就失去了商品价值。

三、病虫害防治

(一) 立 枯 病

早春大棚菜用大豆栽培,处于低温多湿条件,容易引起立枯死苗。立枯病症状表现为:主要危害幼苗或幼株,病斑多生于主根靠近地面的茎基部,为红褐色,略凹陷,皮层开裂似溃疡状。受害严重时,茎基部缢缩变褐,导致幼苗折倒枯死。幼株受害后表现植株变黄,生长不良,株体矮小等。

发病条件:立枯病为土传病害,通过水流和农具传播。病菌发育适温为 24℃,最高温度为 40℃～42℃,最低为 13℃～15℃,土壤湿度为 20％～60％,均有利于立枯丝核菌的侵染。即低温、多湿、光照不足、幼苗抗性差时,易染该病。播种过密、过深或反季节栽培,易诱发此病。

防治办法:①农业防治:实行3年以上轮作,避免低洼地种植,降低土壤湿度,选用抗病品种等。②进行药剂拌种。用58%瑞毒霉锰锌或72%杜邦克露可湿性粉剂,用药量为种子重量的0.3%～0.4%拌种。③药剂防治:可用75%达科宁600倍液,或移栽灵1 500倍液,或50%多菌灵粉剂800倍液,喷雾杀灭病菌。

(二)菜用大豆锈病

该病主要危害叶片。病斑黄褐色,散生,稍隆起,表皮破裂后,散出茶褐色粉末,即夏孢子。有时叶面和叶背可见凸起的白色疱斑(即病菌锈子腔),豆荚染病后,形成突出表皮疱斑,表皮破裂后,散出褐色孢子粉。

发病条件:病菌以夏孢子在病残体上越冬。夏孢子萌发适温为24℃,而且萌发时需要很高的湿度,甚至要求叶片上有水膜的条件。高温,昼夜温差大,及结露持续时间长,易造成此病流行。可见,在适宜的温度范围内,田间湿度是左右锈病发生和发展的主要因素。

防治办法:①注意田间排渍,做好棚内通风换气工作,降低棚内湿度。②药剂防治:可用30%爱苗3 000倍液,或45%达科宁可湿性粉剂800～1 000倍液,或用47%加瑞农可湿性粉剂800倍液,或75%百菌清可湿性粉剂600倍液,每隔10天喷药一次,连喷2～3次。

(三)菜用大豆霜霉病

苗期病叶出现淡黄色大斑块,大部分从子叶柄基部沿叶脉向上扩展;后期变为黄褐色。如天气潮湿,病斑背面产生白色霜霉状物,叶片凋萎早落。豆荚受害后,外部无明显症状,但豆荚内有很厚的灰色或黄色霉层。

发病条件：发生该病的最适温度为 20℃～22℃，湿度在 80％以上时加重发病。因此，湿度是发病的重要条件。

防治办法：①实行轮作，避免重茬，清洁田园，销毁病残体。②药剂防治：可用 75％百菌清 700～800 倍液，或 53％金雷多米尔 600 倍液，或 64％杀毒矾 600 倍液，或 75％达科宁 600～800 倍液喷雾，间隔 10 天左右喷一次，共喷两次。

（四）根 腐 病

植株感染根腐病以后，主根和地表以下的茎开始出现红褐色不规则的小斑块。后小斑块逐渐变成暗褐色至黑褐色，凹陷或开裂，环绕茎扩展至根皮枯死。受害株根系不发达，根瘤少，株植矮小，分枝结荚明显减少，严重时茎叶枯萎死亡。

发病条件：高温高湿是该病发生的有利条件，黏土，排水不良，重茬以及耕作粗放的发病重。

防治办法：①合理轮作，选用无病种子，注意棚内通风换气，降低棚内湿度等；②药剂防治及拌种方法，可参照立枯病的防治方法进行。

（五）病 毒 病

菜用大豆的病毒病，主要有花叶、顶枯及矮化三种类型。①花叶型：较为普遍，常见其嫩叶表现明脉。沿脉褪绿，变成浅绿和深绿相间的花叶症状。②顶（芽）枯型：子叶上产生褐色环斑，生长点坏死，病苗易枯死；开花期症状明显，生长点坏死变脆，花荚脱落，不结粒或很少结粒。③矮化型：叶柄及节间显著缩短，叶小而细长，皱缩，植株矮化，不及健株一半高。

发病条件：由蚜虫及田间农事操作接触传播，高温和干旱，有利于蚜虫增殖及迁飞，易造成病毒病的流行。田间表现为，温度为 18℃左右时，显轻微症状。温度为 20℃～25℃时，症状表现明显。气温达 26℃时，症状加重。

防治办法：①选用抗病品种，加强肥水管理，提高植株抗性。②及时防治蚜虫，切断传染源。③发病初期用药防治：可用喜门 800 倍液，或康润 1 号 600 倍液，或毒尽 600 倍液加硕丰 481 水剂 3 000 倍液，混合后进行喷雾防治。

（六）豆类根结线虫病

该病主要危害根尖，表现为植株矮化，瘦弱，叶片逐渐褪绿变黄。危害严重时，植株萎蔫枯死。病株根系不发达，根瘤稀少，根上可见白色或黄白色的小颗粒根结，即线虫的胞囊。到后期胞囊颜色变为深褐色。根结上部形成短支根及许多密集的须根。

发病条件：根结线虫病以土中的卵囊团、病残体根结为初侵染源。线虫主要借农事操作和水流传播。90％的线虫分布在土壤表层 20 厘米深处。根结线虫好气性，土质黏重、潮湿和板结，不利于根结线虫的活动，因而发病轻。

防治办法：①病田与水稻轮作，具有较好的防治效果。②药剂防治：用种子重量 0.1％～0.2％的 1.5％菌线威颗粒剂（含辛硫磷），与 100～200 倍过筛细土拌匀后进行拌种。用拌种机拌种时，每分钟 20～30 转，正、倒转各 50～60 次，使药剂均匀附着在种子表面，然后播种。③可用 3％的米乐尔颗粒剂，每 667 平方米用量为 3～5 千克，结合整地进行撒施，与土壤混合，或沟施，毒杀根结线虫。

（七）豆荚螟

该虫的幼虫危害豆叶、花及豆荚。常卷叶为害或蛀入荚内取食幼嫩的种粒。幼虫孵化后，在豆荚上结一白色薄丝茧，从茧下蛀入荚内取食豆粒，荚内及蛀孔外堆积粪粒，不堪食用。造成瘪荚和空荚，降低产量和品质。

其成虫有趋光性。卵散产于嫩荚、花蕾及叶柄上。初孵出幼虫取食嫩荚与花蕾等,3 龄后蛀入荚内危害豆粒。对温度适应性广,但最适发育温度为 28℃,相对湿度为 80%～85%。

防治办法:①避免种植重茬,实行水旱轮作。②在卵盛孵期施药,可用 2.5%溴氰菊酯乳油 2 500～3 000 倍液,或 20%杀灭菊酯乳油 3 000～4 000 倍液,或杜邦万灵 2 000～3 000 倍液,或杜邦安打 3 500 倍液,喷雾毒杀该虫。

(八) 豆 蚜

以成虫和若虫刺吸叶片、嫩芽、花及豆荚的汁液。造成叶片卷缩发黄,严重时蚜虫布满枝叶,嫩荚受害后发黄而致减产。

豆蚜一年可发生多代,在温度为 24℃～26℃、相对湿度为 60%～70%等适宜的条件下,繁殖能力强,4～6 天时间即可完成一代。

防治方法:防治的关键是在苗期及时发现、及时防治。可用 40%乐果乳油 800 倍液,或 50%避蚜雾可湿性粉剂 2 500 倍液,或 2.5%溴氰菊酯 2 000～3 000 倍液,或 2.5%功夫乳油 3 000 倍液喷雾毒杀。对豆蚜还可以采用黄色板诱杀,具体方法可参照茄果类蔬菜的黄色板诱杀方法进行。

(九) 小地老虎

小地老虎以幼虫危害植株,咬断豆苗近地面的茎,常造成缺苗断垄。成虫白天隐蔽,夜间活动,对光、糖、醋及酒等有较强的趋性。幼虫 3 龄前危害不大,3 龄后白天潜伏在 2～3 厘米深的土中,夜间出外活动,咬断幼苗,并拖入穴中。

发生条件:小地老虎喜温暖潮湿环境,管理粗放时发生量大。

防治办法:①清洁田园,铲除杂草,减少虫源基数。②用糖醋液诱杀成虫。糖醋液配方为:6 份糖,3 份醋,10 份水,混合即成。也可用 20%速灭杀丁 1 500～2 000 倍液,或 2.5%功夫乳油 1 500 倍液,或 0.5%火力 1 500 倍液,进行喷雾防治。

第二节 菜豆栽培

一、概 述

菜豆又名四季豆、芸豆、玉豆。原产于北美洲的墨西哥。菜豆在我国南北方地区均有广泛栽培,可以进行四季生产,周年供应。近年来,随着栽培设施的改进,采用早春大棚栽培,可提早上市,填补市场空缺,效益较高,栽培面积发展迅猛。菜豆食用嫩荚或种子,营养丰富。每 100 克嫩荚含水分 88～94 克,蛋白质 1.1～1.3 克,碳水化合物 2.3～6.5 克,以及多种矿物质、氨基酸和维生素。每 100 克干种子,含水分 11.2～12.3 克,蛋白质 17.3～23.1 克。菜豆除作烹饪菜肴外,还可晒干菜、盐渍、做泡菜、速冻和制作罐头等。菜豆还具有药用功能。其种子性味甘平,有滋补、温中下气、益肾、解热、补元气、利尿和消肿的作用。

(一)形态特征

菜豆属豆科菜豆属的一个栽培种,为一年生的缠绕草本植物。菜豆根系发达,主根入土深,侧根分布宽广,但主要根群分布在表土下 20 厘米左右的土层范围内。在苗期,根的生长速度比地上部分快。当子叶刚出土时,已有 7～8 条侧根;株高 15～20 厘米时,已形成较为庞大的根群。有根瘤,毛根少,再生能力弱。在生产上,种植菜豆以直播为主,亦可用营养钵育苗移栽。

菜豆茎蔓细弱,依生长习性分为蔓生和矮生两种类型。矮生种主茎直立高仅 30～50 厘米,节间短。当长到 4～8 节时,其顶部着生花序后,不再向上生长;各叶腋芽抽生侧枝,侧枝长几节后也在顶上着生花序。蔓生种菜豆的主茎生长点一般为叶芽,能不断地分生叶节,使植株继续向前生长,长达 2～3 米。栽培中需设立支架,故亦称其为"架豆"。菜豆幼茎有绿、浅红和紫红等色,以绿色为主。

子叶出土后一般为绿色,初生叶一对,单叶,心脏形,对生。其后的真叶为三片小叶组成的三出复叶。小叶卵圆形或心脏形,全缘、互生、具长柄,基部有两片舌状托叶。叶面和叶柄有茸毛。

花梗由叶腋抽出,总状花序,每个花序有花数朵或十几朵,花蝶形,有白、黄或紫色等。开花前,龙骨瓣包裹着雌、雄两蕊,呈螺旋状卷曲一圈以上,是菜豆属的重要特征。自花授粉作物,自然杂交率极低。

果实为长荚果,圆筒形或扁圆形。老熟豆荚两边缘有缝线,豆荚顶端有明显的尖细长喙。荚内有种子 4～10 粒,种子多数为肾脏形,颜色有红色、白色、黄色、褐色、灰色、黑色及条斑等,千粒重 300～700 克,种子的使用年限为 1～3 年。

(二) 对环境条件的要求

菜豆的生育时期可分为发芽期、幼苗期、抽蔓期及开花结荚期。各时期对环境条件的要求各有不同。

菜豆喜温暖,但不耐高温,怕寒冷,对温度要求较严,整个生长期适宜的温度范围为 20℃～25℃。菜豆种子在 8℃～10℃时开始发芽,发芽适温为 18℃～25℃,低于 10℃ 或高于 40℃时不能发芽。幼苗在地温 13℃时开始缓慢生长,温度达到 20℃左右时为生育适温,但短期的 2℃～3℃低温会使叶片失绿转黄。当温度升到 15℃,经 2～3 天后,可恢复正常。菜豆花芽分化的适温为 20℃～25℃。当温度高于 28℃时,特别是超过 30℃时,会影响花粉的形成。在开花结荚期,当温度低于 10℃,或高于 30℃时,落花落荚明显增多;同时低温弱光也影响菜豆结荚。

菜豆为短日照植物,但多数品种对日照反应不敏感,特别是矮生菜豆更是如此。因此,矮生菜豆对播种期要求不严,可进行保护地反季节栽培。菜豆喜强光,光照不足引起花芽发育不良,落蕾增多,结荚减少。

菜豆要求土壤的最适湿度为田间持水量的 60％～70％。否则,根系生长恶化。软荚种比粒用种要求较多的水分,在干旱高温的条件下品质下降。反之土壤水分充足,温度适宜,可以保持较长时间的鲜嫩状态,从而增进品质。空气相对湿度以 65％～75％为最适宜。空气湿度大,土壤水分多,容易引起菜豆的炭疽病、疫病及根腐病的发生。

菜豆对土壤要求不严格,但以质地疏松、排水良好的壤土为好。菜豆根系虽有固氮作用,但栽培中仍需施足氮肥。对氮、钾的吸收量大,磷次之。开花结荚越多,对氮、磷、钾肥的吸收也越多。但是,也要避免氮肥过多,造成茎叶徒长,导致落花落荚。

二、栽 培 技 术

(一) 品种选择

菜豆按豆荚纤维化的情况,可分为软荚种和粒用种,做菜用的菜豆品种多为软荚类型,并可分为蔓生和矮生两大类。早春栽培一般以选择早熟品种为宜。

1. 超长四季豆 生长势强,蔓生,白花。嫩荚长圆条形,白色。单荚重 35 克,荚长 26～30 厘米,荚宽 1.3 厘米,每荚有种子7～8粒。嫩荚纤维极少,品质佳。中早熟,春播的从出苗到采收,为50～55天,每667平方米产量为3 000～3 500千克。

2. 泰国架豆王 中熟。蔓生,生长旺盛。叶色深绿,叶片肥大。花白色。荚绿色,荚圆长形。荚长在30厘米以上,横径为1.1～1.3厘米,单荚重30克。单株结荚70个左右,从播种到收获需75天左右。每667平方米产量在3 000千克以上。

3. 双丰架豆王 从泰国引进。蔓生,中早熟。花冠白色。荚绿色,长30～33厘米,横径为1.3厘米。单荚重30克,单株结荚80～120个。抗逆性、适应性和开花结荚性强,无纤维,品质好。每667平方米产量为5 000千克。

4. 白花四季豆 早熟,蔓生,花白色。第一花穗生于3～4节,每穗结荚3～4荚。嫩荚绿色,荚长20厘米,宽1.3厘米,单嫩荚重18克左右。播种后55～60天采收嫩荚。

5. 双丰2号 由天津市蔬菜所育成。为极早熟、丰产的优质品种。蔓生,白花。单株结荚20～30个。嫩荚深绿色,长18～22厘米,粗1.1厘米,单荚重15～18克。种皮黄色,带有不明显的花纹,从春播到收获嫩荚需55天。

6. 美国供给者 由中国农业科学院蔬菜研究所从美国引进。植株矮生,长势较强,苗期呈紫色,植株高40厘米,展开度为50厘米,5～6节打顶。花浅紫色。嫩荚绿色,单荚重8克左右,圆棍形,长12～14厘米,宽、厚各1厘米,单株结荚16～18个。从播种到收获需60天,每667平方米产量为1 000～1 500千克。

7. 81-6菜豆 早熟。为矮生品种,株高45～55厘米。紫花黑籽,商品荚圆棍形,绿色,无筋,无革质膜,肉厚籽小。

荚长 12～14 厘米,横径为 0.9～1.0 厘米,单荚重 7.6～8.2 克。平均单株结荚 25～37 个,每 667 平方米一般产量为 1 100～1 400 千克。

(二) 育苗移栽与直播

菜豆早春栽培处于低温和低温阴雨天气中,播后易引起沤根和死苗等现象。以育苗移栽为宜。采用塑料大棚加小拱棚和营养钵育苗。如利用温床育苗,播种期可安排在 2 月中下旬;用冷床育苗时,播种期应安排在 2 月下旬到 3 月初较适宜。育苗(定植)大棚的建造,详见第二章。苗床制作及营养钵的准备,详见第三章。种子的处理方法与菜用大豆相同。播种前,将营养钵或苗床土浇足底水。然后播种,每穴播 3 粒种子,播后盖细土 1～1.5 厘米厚,再盖上薄膜,将四周用土压严,进行保温保湿。最后搭建好小拱棚,关闭棚门保温,以利于出苗。

菜豆也可进行大棚直播栽培,棚内的直播土壤要求与非豆科作物进行三年以上的轮作,并施足基肥,用量为每 667 平方米施充分腐熟优质农家肥 2 000～3 000 千克,过磷酸钙 50 千克,三元复合肥 20～30 千克,施后进行整地。或者施用生物有机肥 150～200 千克,加三元复合肥 20～30 千克,进行沟施。然后做成宽(包沟)1.3～1.4 米,高 25 厘米的畦,再进行播种。播种为双行,行距 50～60 厘米,穴距 15～20 厘米,每穴播 3 粒种。若为矮生品种,其行距为 40～50 厘米,穴距 20 厘米,每穴也播种 3 粒。播种后用细土盖籽。并每 667 平方米用 96％金都尔 45～60 毫升,对水 50 升对畦面进行喷雾,可有效防除杂草。喷后在畦面上覆盖微膜,关好棚门,保温保湿。

菜豆育苗(直播)大棚,在播种后出苗前,棚内不通风。夜

间可加盖草帘,做到早揭晚盖。白天,棚内温度应保持在20℃～25℃。具体管理方法如下:

1. 直播棚管理 在直播大棚内,当幼苗子叶顶土后,要及时破膜放苗。从出苗后到三出复叶出现前,是间苗、补苗的适期。蔓生种每穴留苗2株,矮生种每穴留苗3～4株。苗子经4～5天即可长出第1片复叶。苗子不足时,应趁苗小时及时补栽。从齐苗后到一片复叶将展开时,棚内温度可适当降低为白天15℃～20℃,夜间为10℃～15℃。当第三片真叶展开后,要提高棚内温度,使其白天达到20℃～25℃,夜间达到15℃～20℃。这样,有利于菜豆小苗的花芽分化和根、叶的生长。

2. 育苗与移栽棚管理 在育苗大棚内,当有80％的幼苗出土后,要及时揭去地膜,放风降温,以防烧苗。育苗棚内的温度管理方法,可参照上述直播棚进行。同时,要注意苗床浇水,适度保湿,做到"不干不浇",使苗株矮壮,叶色深绿,茎节粗短。

当生理苗龄达到25～30天,幼苗具有4～5片真叶时,可进行定植。定植大棚的整地及定植规格,同直播田块。定植后,要及时浇水定根,封严栽植口,并密闭大棚保温,以促进缓苗。棚内温度,白天以保持在20℃～28℃为宜。闭棚4～5天。若中午棚温超过32℃时,可小通风降温。缓苗后,再通风换气,温度可适当降低,并转入正常的棚温管理。

(三)田间管理

1. 大棚的温度管理 从定植缓苗后一直到开花结荚期,棚内白天温度应维持在20℃～25℃,夜间为15℃～20℃。当棚内温度超过25℃,特别是超过30℃时,要及时进行放风降温。否则,易引起落花落荚。4月中旬前后,视气温回升情况,掀起大棚两边薄膜,打开棚门,放风降温。早春前期气温较低,当棚温低于15℃时,要做好棚内的增温保温工作。特别是寒潮天气时,要采用双层薄膜覆盖,并加盖草帘,于每天下午四时前关闭大棚保温。如果关棚时间过晚,棚温已经下降,则不利于大棚的夜间保温。

2. 设立支架和植株整理 蔓生菜豆长到30厘米左右长时,要及时插架引蔓。双行栽植的,插"人"字架,架材可用小山竹等。在"人"字架的交叉处上方,要横绑一道小竹竿,这不仅可起到固定支架的作用,还可以使苗架分布均匀。引蔓时,要按左旋性即逆时针方向牵引,使茎蔓均匀分布在支架上。当茎蔓生长到支架顶部后,为减少缠绕和生长过旺,要适当摘心,促进结荚。

3. 肥水管理

(1) 施肥管理 菜豆的施肥原则是:"施足基肥,轻施苗肥,花前酌施,花后勤施,盛荚期重施"。菜豆在苗期便开始花芽分化,因此,在复叶出现时要进行第一次追肥。以后每隔5~7天施一次薄肥,尤其是氮肥会增加花芽数量及降低分枝节位。在开花期及盛荚期,要及时进行追肥,具体的施肥量及施肥方法,可以参照菜用大豆早春大棚栽培方法进行。

(2) 水分管理 菜豆有一定的耐旱能力。土壤湿度大时,植株易产生徒长,导致开花结荚减少。因此,苗期的水分管理原则是"土不干不浇"。定植成活后到开花前,一般要少浇水。可结合浇施肥水进行解旱。初花结荚后,可结合施肥进行浇水,以促进植株生长。为防止浇施肥水后湿度增大,浇施完肥水后要进行大棚通风,以降低棚内湿度。这亦是减轻病害发生的有力措施。早春雨水较多,要做好田间开沟排渍工作。

(四) 采 收

当豆荚由绿色转为淡绿色,外表有光泽,种子形态尚未显露或略为显露时,便可采收。一般情况下,嫩荚应在花后10～15天采收。气温较低时,可在花后15～20天采收。

三、病虫害防治

菜豆的早春大棚栽培,前期处于低温多湿条件下,中后期处于高温高湿条件下,容易发生立枯病、根腐病、锈病、霜霉病和病毒病等,虫害主要有豆蚜和豆荚螟等。菜豆病虫害的防治办法,可参照菜用大豆早春大棚栽培的病虫害防治方法进行。同时,还要注意炭疽病和细菌性疫病的发生。

(一) 菜豆炭疽病

菜豆的叶片、茎、荚及种子,均可受害。患染此病的菜豆植株,首先在子叶上出现红褐色和黑色圆形溃疡病斑。胚轴上产生锈色小斑,后变成斑纹,凹陷或龟裂,严重时幼苗折倒枯死。叶片上表现为黑色或暗褐色,沿叶脉扩展成多角形或三角形条斑。豆荚上初时出现褐色小点,扩大后呈黑褐色至黑色椭圆形斑块。病斑中央凹陷,四周呈淡褐色或粉红色。在多雨天气,菜豆茎和荚上的病斑,产生肉红色的黏稠物,即分生孢子。

发病条件:空气相对湿度为100%,温度为17℃时,有利于发病;温度高于27℃,相对湿度低于92%时,则少发病;低于13℃时,病情停止发展。可见,多雨、多露、冷凉多湿或密度过大时,均易发生此病。

防治办法:①选用抗病品种。②加强棚内的管理,注意通风换气,降低棚内湿度。③药剂防治:可用75%百菌清可湿性粉剂600倍液,或10%世高1 000～1 500倍液,或75%达科宁500倍液,喷雾防治。也可每667平方米用45%百菌清烟剂250克,于傍晚密闭烟熏大棚,7天一次,连熏2～3次。

（二）菜豆细菌性疫病

菜豆的叶、茎、荚和种子，均可发生此病。病斑为近圆形、长条形或不规则形，为黑褐色或红褐色，边缘有黄色晕圈。潮湿时，病斑中央有细菌黏液。在干燥条件下，被害组织呈透明的羊皮纸状。种子受害后种皮皱缩。

发病条件：病原细菌主要在种子内部或粘附在种子外部越冬。幼苗长出后即发病。气温达 24℃～32℃，叶上有水滴，是本病发生的温、湿度条件。

防治办法：①用 45℃ 恒温水浸种 15 分钟，捞出后移入冷水中冷却，或用 0.3% 种子重的 95% 敌克松原粉拌种，拌后播种。②每隔 7～10 天，喷一次 1∶1∶200 的波尔多液溶液。③用 72% 农用链霉素可溶性粉剂 3 000～4 000 倍液，或 77% 可杀得可湿性微粒粉剂 500 倍液，进行喷雾防治。

四、菜豆落花落荚及防治措施

菜豆花数量多，并且在短期内大量形成，但只有 4%～10% 的花芽能结荚，其余的或脱落，或成为潜伏花芽。解决这个问题，对提高菜豆早春大棚栽培效益，具有十分重要的意义。

（一）产生的原因

1. 温度过高或过低　棚温为菜豆生长适温，即为20℃～25℃时，花芽形成多，发育完整，花粉发芽快，短时间内能完成受精。但高于 30℃ 或低于 15℃ 时，则受精不良。这是落花的重要原因。

2. 湿度过大或过小　花粉发芽适宜的空气相对湿度为80% 左右，过干和过湿，都不利于花粉发芽，对受精造成很大的妨碍。

3. 花芽的营养状况不佳　开花结荚与营养生长有密切关系。花序与花序之间的着果有相互制约的倾向。在同一花序中,花与花之间激烈地争夺养分。因此,植株中部的花序结实率高,而侧枝上的花序,落花落荚就多,处于劣势部位的花芽,便转为潜伏芽等。

4. 光照不足　光照不足,不仅会妨碍叶片进行光合作用,也会引起落花落果。

(二)防治措施

为防止落花落荚,可采取以下措施:①选用和种植优良品种。②加强棚内温、湿度管理,通过保温增温及通风降温等措施,调节棚内的温度和湿度,使菜豆的生长处于适温条件之下。③搞好肥水管理,适时去除老叶。初花期不浇水,第一花序坐荚后重施肥水。④适时采收。⑤进行叶面喷肥,满足植株营养所需,减少落花落果。

第三节　豇豆栽培

一、概　述

豇豆,别名豆角、长豆角、带豆、裙带豆。其原产地说法不一,一般认为豇豆原产于非洲。豇豆在我国栽培历史悠久,南北各地均有栽培,以南方地区栽培较多,是夏、秋的主要蔬菜之一。特别是近年来,豇豆加工品种的推广,为食品加工行业提供了原料,种植面积因此而得到较快的发展。豇豆以嫩豆荚或种子供食。每 100 克嫩豆荚含水分 85～89 克,蛋白质 2.9～3.5 克,碳水化合物 5～9 克,还含有各种维生素和矿物质等。嫩豆荚肉质肥厚,炒食脆嫩,亦可烫后凉拌或腌泡。

100 克豇豆干种子含水分 13.4～15.5 克,蛋白质 24 克,碳水化合物 50.3～54.5 克,纤维素 3.8～4.7 克,以及多种氨基酸、维生素和矿物质。豇豆"可菜、可果、可谷、备用最多,乃豆中之上品"。

(一) 形态特征

豇豆属豆科豇豆属中能形成长形豆荚的栽培种,为一年生草本植物。根系发达,主根深 50～80 厘米,主要分布在 15～18 厘米深的土层中。根易木栓化,再生能力弱,有根瘤着生。根瘤菌首先从主根上开始形成,然后在侧根上形成。后期根瘤菌全部着生在侧根上。根系具有向性生长,即向肥料、水分适宜、土壤较疏松处生长。豇豆不仅耐旱,耐涝性也比较强。

幼茎多棱,绿色,光滑。有蔓生、半蔓生和矮生之分。作蔬菜栽培的豇豆,可分为长豇豆和矮豇豆两种。长豇豆又叫豆角,顶芽为叶芽,属无限生长型,主茎长 3 米以上,早熟品种茎蔓短,节数少;晚熟品种茎蔓长,节数多,5～6 片复叶展开前节间短,一般为 2 厘米;节位升高后,节间延长。主茎在第一对真叶和 2～3 节的腋芽抽出侧蔓,二级蔓少。矮生类型的豇豆长到一定程度后,茎端分化为花芽,不再伸长,属有限生长型;分枝多,茎端很快分化花芽,植株直立,呈丛生状,一般株高 30～40 厘米。豇豆花序均为侧生,茎为右旋性缠绕生长。群体过密,茎蔓生长过快,节间长,抗逆性和抗病性就减弱。

子叶出土后,第一真叶为单叶,对生,以后真叶为三出复叶,互生。多数为卵状菱形,绿色或浓绿色,全缘,无毛。

豇豆为总状花序,蝶形花,自花授粉,腋生,花序柄长,顶端着花,花白色、黄色或紫色。果实为长荚果即豆荚,绿色、浓绿色或紫色,长 30～100 厘米,横切面为扁圆或圆形,豆荚下垂或顶端弯曲。种子肾形,每个豆荚有种子 10～20 粒,种皮为紫红色、褐色、白色、黑色或带花斑等。种子千粒重120～300 克。

(二) 对环境条件的要求

豇豆的生育时期可分为发芽期、幼苗期、抽蔓期和开花结荚期,各个时期对环境条件的要求如下:

豇豆喜温耐热。种子发芽温度为 15℃～35℃,以 25℃～30℃发芽率高,出苗快而健壮,但最低发芽温度为 10℃。对湿度敏感,低温高湿,种子容易腐烂。幼苗期以 30℃～35℃时生长较快,较高的温度还可促进花芽的分化发育。进入抽蔓后到开花初期,以在 20℃～25℃温度下生长良好,超过32℃时会妨碍根系的生长,并产生大量落花。可见,开花结荚的适温在 25℃～30℃。如果温度超过 35℃或低于 18℃,豇豆将产生生理障碍。

豇豆多为短日照作物,诱导豇豆开花的最好光周期为8～14 小时。长豇豆对日照长短的反应分为两类:一类对光照长短要求不严格,多数品种属此类。另一类对光照要求较严格。日照充足,光照较强,有利于植株生长,开花正常,结荚率高。同时,豇豆较耐阴,故常与高秆作物间作套种。

豇豆根系发达,比较耐旱。环境空气相对湿度以 70％～80％为宜。在幼苗期,要控水蹲苗,防止植株徒长;在开花结荚期,要求田间最大持水量为 60％～70％。此时期干旱缺水和长期阴雨,均会引起落花落荚。因此,高温低湿是豇豆落花落荚的主要原因。

豇豆对土壤要求不严,适应性强。但是,最适于排水良好,不过分干燥,富含腐殖质的壤土或砂壤土。土壤过于黏重或低温,均不利于根系和根瘤菌的发育。不宜连作,以 2～3 年为间隔期较好。

二、栽培技术

（一）品种选择

早春大棚栽培豇豆,应选择早熟,耐低温、耐湿、耐病的品种,一般以选青荚类型品种较适宜。

1. 红嘴燕豇豆　为成都地区地方优良品种。早熟丰产,长势中等,以主蔓结荚为主。主蔓第六至第九节开始结荚。每个花序一般结荚两个,有的结 3～4 个,每株结荚 20～28 个。荚长 60～72 厘米,嫩荚为淡白绿色,先端紫红色,故而得名。

2. 早春王　早熟性极强,荚条顺直,荚色青绿中透出银白色。平均荚长 75 厘米。一般 2～4 叶着生第一花序,每个花序结荚 2～6 根,四荚率占 60%。荚条生长速度快,不易老化,纤维含量少,商品性好。

3. 宁豇一号　早熟品种,春季定植后 55～60 天成熟,主侧蔓同时结荚。主蔓 2～5 节出现第一花序,每个花序结荚最多达 6 个。嫩荚绿白色,长约 60 厘米,横径为 0.9 厘米,单荚重 26 克左右,种子红色。喜肥水,不耐热。

4. 晴川早豇豆　特早熟。始花结荚位在 2～3 节,每节都有花序,每个花序结荚 2～4 条。主蔓结荚居多。荚长 65～70 厘米,淡绿色,结荚率高。抗逆性强,较耐老,商品性佳。从出苗至采收需 40～45 天。

5. 之豇 28-2　用红嘴燕和杭州青皮杂交而成。早熟,长势强,主蔓结荚。主蔓第四至第五节开始结荚,7 节后每节有果,荚长 55～65 厘米,最长达 80 厘米,粗 0.7～0.8 厘米,淡绿色,不易老,种子紫红色。

6. 美国无架豇豆　株高约 60 厘米,分枝力强,无限结荚习性。豆荚长 45～60 厘米,幼荚浅绿,后期乳白,肉厚质细,纤维少。春播 60 天结荚,夏播 40 天可以收获,抗病性强。

除上述品种之外,还有泰国豇豆、德丰王、杨豇、之豇特早30、之豇翠绿、早丰 60 等品种,均可作早春大棚栽培。

(二)育苗与移栽

豇豆根系的再生能力弱,一般实行育苗移栽。豇豆早春育苗采用塑料大棚套小棚的设施。如果进行冷床营养钵育苗,播种期可安排在 2 月下旬到 3 月上旬;如果采用温床育苗,可提前到 2 月中下旬播种,苗床及营养钵的准备见第三章中的相关内容。豇豆种子播前要进行粒选,并在阳光下晒种2～3 天,然后再浸种。豇豆种子蛋白质及脂肪含量高,如果浸种时间过长或吸水过多,渗出蛋白质等也多,容易引起种子霉烂,降低发芽率。一般用 25℃～30℃温水,浸泡 8～12 小时,捞出后晾干多余水分,放在 25℃～28℃条件下催芽。当种子露出胚根时,即可进行播种。播种前,要对苗床或营养钵浇足底水。每个营养钵播 3 粒种子,播种后再盖 1～1.5 厘米厚的细土,然后盖上地膜,并搭好小拱棚保温增温。

出苗前,棚内温度应保持在 25℃～30℃。当豇豆种子顶土出苗时,要及时揭去畦面上的地膜,并对苗床适度浇水,以湿润畦面,并将小棚内苗床温度降至 20℃～25℃。要防止苗床土壤过干,但也不能浇水过多,以免湿度过大招致病害发生。由于豇豆根的再生能力弱,因而不宜大苗移栽。第一对真叶展开前,即要进行定植。定植前 4～5 天,要对幼苗进行降温炼苗,以增进幼苗的抗逆性。

大棚的整地施肥,可参照菜用大豆栽培的整地方法进行。所做成的畦,畦面宽(包沟)1.2～1.4 米,沟深 25 厘米,并盖上微膜。当棚内 10 厘米深处的土温稳定通过 12℃以上时,为豇豆移栽的适期。每畦栽双行,穴距 25 厘米,每穴栽双株,每 667 平方米定植 3 000~3 500 穴,矮生种可比蔓生种栽得稀一些。栽后要及时浇水定根。定植后关闭棚门,提温保温。

豇豆也可进行直播栽培。具体操作可参照菜用大豆的直播栽培方法进行。

(三)田间管理

1. 大棚温度管理 定植后为加快缓苗,棚内不通风,而进行闭棚,使白天温度保持在 25℃~28℃,夜间为 16℃~20℃,但最低不低于 15℃。缓苗后,棚内要适当降温,使白天温度维持在 20℃~28℃,夜间为 15℃~20℃。豇豆进入幼苗期至抽蔓期,棚内还是以增温保温为主。如遇寒潮天气,则要用小拱棚进行保温,使棚内温度保持在 25℃~28℃。如果棚温超过 30℃,则要进行通风。4 片复叶后到甩蔓期,白天棚内温度应降至 20℃~25℃,夜间为 15℃~18℃。进入 4 月中旬前后,视棚内气温回升情况,要及时撤去小拱棚,设立支架。进入开花结荚期,则需要有充分的光照和较高的温度。开花结荚的最适温度为 25℃~30℃。白天温度较高,昼夜温差较大,有利于豇豆的开花结荚。

2. 设立支架与植株整理 当蔓生型豇豆主蔓伸长到 30 厘米时,应及时设立支架。支架方式可为单篱、双篱或"人"字架篱等,支架设好后,要及时绑蔓上架。为争取早期产量,豇豆还要进行植株整理,利用主蔓和侧蔓结荚,增加花序数及结荚率,延长采收期,增加总产量。操作的方法是,摘除生长弱和迟发生第一花序的侧蔓。当主蔓伸长到 120~150 厘米时,打去顶心,促进侧枝发生。所有侧枝都要摘心,并按下列方法,对不同部位的侧枝分别进行打顶:主蔓下部早发的侧枝,留 10 节以上摘心;中部侧蔓,留 5~6 节摘心;上部侧蔓,留 1~3 节摘心。

这样,一般每条侧枝留有多少节,就可形成多少个花序。其植株的整枝引蔓,宜于晴天下午茎叶不脆时进行。

3. 肥水管理   长豇豆对氮、磷、钾的吸收量,以氮最多,钾次之,磷最少。蔓生豇豆和青豇豆吸收氮、磷、钾的比例,为(2.75～2.92)∶1∶(2.15～2.75);矮生豇豆吸收氮、磷、钾的比例为 4.49∶1∶4.21。因此,长豇豆的施肥原则是,应以有机肥为主,结合施用矿物质肥料。其肥水管理措施为:①幼苗期一般不进行追肥。②抽蔓期酌情施肥,即在 3 片复叶前不浇水,不追肥。在 4～5 片复叶期后要浇施肥水,用量为每667 平方米施复合肥 8～10 千克。③进入开花结荚期后,豇豆处在第一花序抽梗开花期,一般不浇水,不追肥。第一至第二花序坐荚后,开始追施肥水,每 15 天浇施一次,用量为每667 平方米施复合肥 6～8 千克,或腐熟有机肥水 300～400千克。④在结荚盛期,每 10 天追施一次肥,用量同前。⑤豇豆生长后期,植株衰老,根系老化,为延长结荚期,可用0.2%～0.4%磷酸二氢钾溶液,进行叶面喷施。

(四)采　收

豇豆花后 13～16 天,即可采收。此时,荚果最长,鲜重最大,产量和品质最佳。采摘时,要保护好邻近的花序,以利于后续结荚。

三、病虫害防治

豇豆早春大棚栽培,前期处在低温阴雨条件下,中后期处在高温多湿的气候中,适合多种病虫害的发生,应及时防治。主要病虫害的发生种类及防治办法,可参照菜用大豆及菜豆的病虫害防治方法进行。同时,要注意做好豇豆叶斑病和豇豆疫病的防治工作。

(一) 豇豆叶斑病

发病初期,叶片两面产生紫褐色斑点,后扩大呈圆形病斑,上面产生暗绿色或暗褐色霉状物,严重时,叶片早期枯死脱落,仅残留顶端嫩叶。

发病条件:在高温高湿条件下,容易发病。病菌发育温度为 7℃~35℃,最适温度为 30℃。连作地发病尤甚。

防治办法:①尽早防治。发病初期可用 1:1:200 的波尔多液进行喷治。②发病后,用 50% 的多菌灵可湿性粉剂 500 倍液,或 75% 百菌清可湿性粉剂 600 倍液,或 58% 甲霜灵锰锌可湿性粉剂 600 倍液,进行喷施防治,并注意交替用药。每隔 5~6 天喷一次,连喷三次。

(二) 豇豆疫病

豇豆疫病主要危害茎蔓和叶片,豆荚也染病。茎蔓病部多发生在节部或节附近,以近地面处发病居多。初起病部呈水渍状不定形暗色斑,后绕茎扩展,致使茎蔓呈暗褐色缢缩,使病部以上茎叶萎蔫枯死。湿度大时,皮层腐烂,产生白霉。叶片染病后,初生暗绿色水渍状斑,周缘不明显,扩大后呈近圆形或不规则的淡褐色斑,表面出现稀疏白霉。豆荚染病后多腐烂。

发病条件:疫病只危害豇豆,由豇豆疫霉引起。病菌生长的适温为 25℃~28℃,连续阴雨及湿度大时易发病。

防治办法:①与非豆科作物实行 3 年以上的轮作。②选用抗病品种,进行种子消毒。可用 25% 甲霜灵可湿性粉剂 800 倍液浸种 30 分钟后,再行催芽。③在雨季到来之前的 5~7 天施药。可用 72.2% 普力克水剂 1 000 倍液灌根,800 倍液喷雾;或 64% 杀毒矾可湿性粉剂 800 倍液灌根,500 倍液喷雾;或 80% 大生可湿性粉剂 600 倍液灌根,400 倍液喷雾;

或 58％甲霜灵锰锌可湿性粉剂 800 倍液灌根，500 倍液喷雾等。选用并交替施用以上药剂，可有效防治豇豆疫病。

第四节　扁豆栽培

一、概　述

扁豆，别名鹊豆、娥眉豆、眉豆、沿篱豆。因其荚形宽阔扁平而得名。扁豆原产于印度及爪哇。我国自古就有扁豆栽培。南方地区栽培较多，主要利用宅旁、庭院及房前屋后等空闲地，进行零星栽培。近年来，扁豆采用塑料大棚进行早春栽培，上市期大为提前，填补了市场空缺，栽培效益较高，种植面积因而发展迅速。种植扁豆，主要以嫩荚供食。每 100 克鲜扁豆荚中，含蛋白质 3.1 克，脂肪 0.3 克，碳水化合物 8.2 克，纤维 1.9 克，以及各种矿质元素。每 100 克扁豆的干籽中，含蛋白质 22.7 克，以及各种矿质元素和 B 族维生素等。扁豆可炒食和煮食，还可腌制、酱制、做泡菜或晒干供长年食用等。白扁豆有补脾健胃，消暑化湿的功效。红褐色扁豆有清肝消炎的作用。因此，扁豆在春淡蔬菜市场供应上，备受青睐。

（一）形态特征

扁豆属豆科扁豆属的一个栽培种，为一年或多年生缠绕草本植物。其根系发达，侧根多，吸收水分养分能力强，对土壤的适应性广，较耐旱。其根瘤菌与豇豆族根瘤菌共生，形成球形根瘤。其茎蔓生，分为短蔓种和长蔓种两种。我国栽培的扁豆多为长蔓种。短蔓种茎蔓长 60～150 厘米，顶部为花轴，分枝多，直立丛生，生长有限。长蔓种茎蔓长 3～4 米或更长，茎蔓缠绕，节间长，能抽生分枝。

子叶出土后,第一真叶为单叶,对生。以后为三出复叶,小叶卵圆形,光滑无毛,叶柄长。总状花序,花为腋生,花梗长10～30厘米或更长,其上着生 4～14 朵小花。因花的颜色不同,扁豆可分为以下两种:①红花扁豆:茎为绿色或紫色,花紫红,分枝多,荚紫红或绿带红,种子黑色或褐色,多采收嫩荚供食用。②白花扁豆:茎、叶柄和叶脉均为绿色,白花,荚绿白,种子褐色或黑色,以嫩荚或种子供食。扁豆自花授粉。晴天时,多数品种在上午 9～10 时开花,阴天时在中午开花,每朵花持续开放 2～3 天。豆荚扁平肥大,为倒卵圆形、长椭圆形或长椭圆状短条形,先端有弯曲的喙。每荚含种子 3～7 粒。种子扁平,椭圆形,光滑,侧边缘有半月形白色隆起的种阜,形似白眉,故名"眉豆"。种子百粒重 30～50 克,寿命为 2～4 年。

(二) 对环境条件的要求

扁豆的早熟品种,生育期仅有 75～80 天,晚熟种的生育期可达 300 天。早熟种播种后 60 天左右结荚。有的品种可以周年栽培,结荚持续时间达 120 天。

扁豆喜温畏寒,遇霜即被冻死。其种子发芽最低温度为8℃～10℃,适温为 22℃～25℃;生长的适宜温度为 20℃～25℃;在开花结荚期,要求 25℃～28℃ 的适温,较耐热,在30℃～32℃条件下,仍可正常生长发育,不易落花。较长时间8℃以下的低温,会阻碍其生长发育,甚至受伤害。因此,在早春栽培中要做好苗期的保温、增温工作。

扁豆属短日照作物,有些品种对光周期不敏感,故南北各地均能种植。昼夜温差大,有利于开花结荚。在 8 小时以下的日照条件中,植株矮小,主茎基部分枝多,结荚少。在长日照条件下,植株枝叶繁茂,延迟开花或不开花。对空气湿度要求较低,在秋高气爽的条件下,生长茂盛,结荚良好。对土壤的要求不严,以排水良好、富含有机质的砂质壤土为好。

二、栽培技术

(一)品种选择

进行早春大棚扁豆栽培,应选择早熟,耐低温能力强,结荚早而集中的品种。目前表现较好,适宜作早春大棚栽培的扁豆主栽品种如下:

1. 红花一号(德扁一号)　极早熟,耐寒性强,抗热,抗病。植株生长势强,茎蔓长 3 米。主茎分枝少,宜密植。始花节位为 2～3 节,花紫红色。荚近半月形,长 9 厘米,宽 3 厘米,平均单荚重 9 克,丰产性好。

2. 白花二号(德扁二号)　极早熟,为肉扁豆。其特征与红花一号相似。花白色,鲜荚白绿色,坐果率高。进行保护地栽培者,鲜荚在 4 月份可上市。

3. 边红三号(德扁三号)　极早熟,耐寒性强,抗热,抗病。其特性与红花一号相似。花紫红色,荚缘红色,从边缘至中部颜色由深至浅,色彩鲜艳,商品性好。

4. 常扁豆一号　早熟,耐寒性强,抗热,抗病。植株生长势强,蔓生,蔓长 3 米左右。主蔓分枝少,始花节位为 2～3节,以上节节有花。花紫红色。豆荚近半月形,平均单荚重 7克左右,每 667 平方米产量为 2 000～3 000 千克。

5. 望扁一号　为安徽省望江经济作物研究所,用当地优良品种为父本选育成的极早熟扁豆品种。蔓生,蔓长 2.5 米左右。长势旺,有分枝,从播种到收获需 50 天左右。豆荚色泽嫩白,表皮光滑,口味纯正,纤维含量低,耐寒、耐热性强。

除上述品种外,适合作早春大棚栽培的扁豆品种,还有鼎牌扁豆系列(如特早绿、特早红、特早春)、小神农春扁豆、常扁豆三号以及鲜绿五号等,生产中可以选择栽培。

(二)育苗与移栽

进行早春扁豆栽培,宜采用塑料大棚等保护设施,进行营养钵育苗。如采用温床育苗,播种期在元月下旬到2月上旬;采用冷床育苗,在2月中下旬进行播种。大棚选择与建造,见第二章中的相关内容。苗床及营养钵的准备,参照第三章中的相关内容进行。育苗塑料营养钵的上口径,要求为6～7厘米。

播种前,最好对种子进行精选,选取粒大、饱满的籽粒做种,并经浸种、催芽后播种。播种时,先将营养钵或苗床浇足底水,每穴或每钵播两粒已发芽的种子,盖籽土厚1～1.5厘米。畦面上再覆盖地膜,并支好小拱棚,进行保温保湿。出苗前,温度应维持在25℃～28℃。

出苗后揭去地膜,并及时降温,使昼温降至20℃～25℃,夜温为12℃～15℃,以防止幼苗徒长。定植前5～7天,要进行降温炼苗。白天,棚内温度可保持在15℃～20℃,夜间为10℃～12℃。育苗期间低温阴雨时间长,遇寒潮天气时要做好大棚的增温保苗工作。育苗棚内要保持干爽,不干不浇水。

在苗龄30天左右,幼苗3～4叶期时,要进行定植。在定植前15天左右,扣好定植大棚,以提升地温。定植大田应选择与非豆科作物已进行2～3年轮作的田块。每667平方米施充分腐熟人、畜粪肥1 500～2 000千克,加饼肥100千克及复合肥30千克。然后精细整地做畦,畦宽(包沟)1.5米,沟深20厘米。选晴好天气进行移栽,每畦栽两行,穴距40～45厘米,每穴栽两株,并及时浇水定根,闭棚保温。

(三)直播栽培

扁豆也可直播。直播大棚的准备和整地,与定植大棚相同。将种子进行选种、浸种和催芽处理后播种。播期与冷床育苗时间相同。播种规格同移栽大田的定植规格,每穴播2～3粒。每 667 平方米用种 1～1.5 千克,播后覆盖籽土 1～1.5 厘米厚。为防除田间杂草,可在每 667 平方米畦面上,用 96％金都尔 45 毫升,对水 50 升,对畦面进行喷雾,喷后盖一层地膜保温保湿,并支起小拱棚,实行双层棚膜覆盖,关好大棚保温。出苗后,要及时掀去地膜,苗期的管理与育苗棚的管理相同。

(四)田间管理

1. 大棚温度管理 扁豆定植后需要 5～7 天的缓苗期。此间棚温应略高,以促进缓苗。一般白天温度应保持在22℃～27℃,夜间为 16℃～18℃。当棚内温度超过 28℃时,要通风降温。

扁豆自缓苗后到现蕾期,是营养生长占主导地位和生殖生长逐渐加强的时期。为防止其徒长,促进侧枝形成,应适当提高昼温,加大昼夜温差,促进花芽分化。在此时期,棚内气温白天应维持在 22℃～28℃,夜间维持在 16℃～18℃,昼夜温差保持在 8℃～12℃。

开花结荚期,是扁豆营养生长和生殖生长并进阶段,适温要求为 16℃～27℃,以18℃～25℃最适宜;低于 15℃和高于28℃,对开花结荚都不利。尤其是高于 32℃时,会引起落花落荚,更要注意加以防止。大棚扁豆生长前期,处于早春季节,常有寒潮天气出现,需要做好大棚双层覆盖保温工作。

2. 搭架整枝 当扁豆苗高 30 厘米时,要搭好"人"字架,及时扶苗上架。主蔓长到 1.5 米时,要及时整枝打顶,对主蔓中上部长出的侧枝要及早摘心,以减少植株养分消耗,促进结荚。第一花序以下各节的侧枝,要一律打去,以促进早开花。要摘除植株下部的老叶,适当摘除中部蔓叶,以增加光照和通风,促进产量的形成。

为了获取早期产量和高效益,还可以采取如下方法整枝:当扁豆的主蔓长到50厘米时摘心,促发下部花芽;当扁豆的花蕾形成后,每个花序留10个大蕾后掐尖,促进早熟及大荚的形成;当子蔓长到架尖时要打顶,此后侧蔓均留1～2节后摘心,以促进平衡增产;中后期要及时疏除老叶和弱枝等,以利于通风透光。

3. 肥水管理 施肥原则为:"重基肥,轻追肥,多次补施荚肥,以促进早生花序、早结荚"。扁豆缓苗后,要浇一次稀薄粪水,促进新根的生长。缓苗后至现蕾期,要控制浇水追肥,以防止徒长,促进侧枝形成。在施足基肥的前提下,开花前一般不追肥;初花期追一次肥,每667平方米施稀粪水1 000～1 500千克;第一花序坐荚后追施一次肥,用量为每667平方米浇施复合肥10千克;进入结荚中期,一般8～10天追一次肥,用量为每667平方米浇施复合肥5～8千克。

扁豆的施肥次数与用量,要视苗情及挂果量酌情而定。同时,还可进行叶面喷肥。可用0.3%～0.5%磷酸二氢钾液,或0.05%～0.1%的钼酸铵溶液,每667平方米喷施30～50升,连喷3～4次,以促进结荚,提高扁豆品质。

(五)采 收

在扁豆开花18～20天,豆荚达七成熟,籽粒开始饱满时,及时采收。因扁豆同一花序有多次开花的特性,因而在采摘豆荚时不要损伤果序,争取多开回头花,多结荚,提高扁豆的产量。

三、病虫害防治

扁豆的病虫害一般较少。其病害主要有炭疽病、疫病、锈病、叶斑病等,虫害主要有豆蚜、豆荚螟等。对其病虫害的防治办法,可参照菜用大豆等其它豆类蔬菜病虫害的防治办法进行。

第五节　豌豆栽培

一、概　述

豌豆,别名荷兰豆、麦豆、回回豆等。栽培历史悠久,在我国南北方均有栽培,而菜用豌豆以长江以南地区栽培普遍。近年来,采用塑料大棚进行豌豆早春栽培,丰富了蔬菜淡季市场供应,上市早,效益好,种植面积呈扩大之势。豌豆营养丰富,每 100 克鲜荚含水分 70.1~78.3 克,碳水化合物 14.4~29.8 克,蛋白质 4.4~10.3 克,脂肪 0.1~0.6 克,胡萝卜素 0.15~0.33 毫克,维生素 C 38 毫克,以及氨基酸等。豌豆嫩荚、嫩豆均可炒食,嫩豆可制作罐头和速冻菜,嫩梢也是优质蔬菜。豆粒能当粮食用,可制作糕饼,提取淀粉,做豆馅、糖果等。豌豆还可治寒热、止痛、益中气、消肿痛等,具有药理功能。

(一)形态特征

豌豆属豆科豌豆属的一个栽培种,为一年生或二年生攀缘草本植物。豌豆属直根系,主根发达,侧根多,有根瘤。其根瘤菌数量形成高峰出现在营养生长中期。接近开花时,根瘤的重量和活力都达到最高峰。豌豆主根发育早。在幼苗出土前,主根长达6～8厘米;播后20天,主根长16厘米,生长盛期可达1米。主要根群分布在20厘米深的表土层内。根系木质化程度较高。

茎为圆而不明显的四方形,绿色或黄绿色,中空,表面覆有蜡质,无茸毛。可分为蔓生、半蔓生和矮生三种。侧枝多在基部1～3节处发生,一般可发生2～5条,侧蔓上又可发生侧蔓。

子叶黄色,不出土。真叶为偶数羽状复叶,具有2～3对小叶。小叶互生,为卵圆形或椭圆形,全缘或下部有锯齿;复叶顶部1～2对小叶退化为卷须,基部有一对耳状托叶,托叶常比小叶大,包围叶柄或基部,是豌豆的一个主要形态特征。

花为总状花序,着生于叶腋,每个花序着花1～2朵,偶有3朵。始花节位,矮生种为3～5节;蔓生种为10～12节,高蔓生种为17～21节。花蝶形,白色或紫红色。自花授粉。在干燥和较高温度下,能异花授粉。

果实为荚果,扁平,形如劈刀,青绿色。分软荚和硬荚两种。硬荚的荚皮不可食用,采收豆粒,成熟时厚膜干燥收缩,荚果开裂。软荚的厚膜组织发生晚,纤维少,以采嫩荚为主,成熟时不开裂。豌豆每荚含种子2～4粒,多的达7～8粒。种子圆而表面光滑的为圆粒种,近圆而表面皱缩的为皱粒种。种子绿色或黄白色,百粒重10～40克,寿命为2～3年。

(二)对环境条件的要求

豌豆的生育周期,与菜豆及豇豆基本相同。豌豆属半耐寒性作物,从播种至幼苗期需要的温度较低,开花结荚期需要较高的温度。种子发芽的起始温度,圆粒种为1℃～2℃,皱粒种为3℃～5℃,以13℃～18℃时发芽快而整齐。0℃时幼苗停止生长,-6℃～-8℃时植株地上部会冻死。圆粒种的耐寒性强于皱粒种。耐寒性随着复叶数的增加而减弱。出苗至现蕾期,最适温度为 12℃～16℃,开花期适温为 15℃～18℃,荚果成熟期的适温为 18℃～20℃。当温度超过 26℃时,虽能促进荚果早熟,但品质及产量下降。低温多湿时,开花至成熟的时间延长。若温度过高时,荚内纤维提前硬化,影响产量和品质。

豌豆属长日照植物。我国南方地区的豌豆品种,多数对日照长短反应不敏感。在整个生育期,需要有良好的光照条件。在长日照低温下,豌豆可提早花芽分化,高温特别是高夜温,可使花芽分化节位升高。结荚期要求较强的光照和较长的日照。

豌豆的全生育期,都需要较大的空气湿度和土壤湿度。土壤水分达到田间持水量的 75% 时,最适于豌豆生长。开花期最适宜的空气相对湿度为 60%～90%。但土壤水分过大时,容易烂根,引起病害。

豌豆对土壤的适应性强,以富含钙质、透气性好的微酸性和中性砂壤土和壤土最适宜。豌豆在苗期根瘤菌尚未形成和生长发育旺盛的开花结荚期,仍需补充一定的氮肥。对磷、钾肥需求量较多。氮、磷、钾的吸收比例为 4:2:1。豌豆忌连作,并实行 3～4 年的轮作。

二、栽培技术

(一)品种选择

作早春大棚栽培的豌豆品种,宜选用耐寒性强、抗病、产量较高、品质较好的品种。一般可选用以嫩豆供食的嫩豆粒型(硬荚种)及以嫩荚供食的软荚型品种种植。可供早春大棚栽培的主栽品种如下:

1. 中豌四号 株高 50 厘米,自封顶。自第五节开始出现花序,茎叶浅绿色,花白色。每株结荚 6～8 个。籽粒较大,百粒重 23 克,富含淀粉。嫩荚和青豌豆为浅绿色。早熟性好,结荚整齐,鼓粒快,青荚上市早。适应性强,对环境温度要求不高,籽粒产量为每 667 平方米 150～200 千克。

2. 中豌六号 矮生直立,株高 40～45 厘米。茎叶深绿色,白花,硬荚,单株结荚 5～8 个。荚长 7.3 厘米,宽 1.2 厘米。干豌豆浅绿色,百粒重 26 克。种植不需搭架。鼓粒快,青荚上市早,以嫩豆供食用。适应性广,抗枯萎病,对温度要求不严。

3. 久留米丰 由中国农业科学院蔬菜花卉研究所从日本引进选育而成。硬荚种,株高 45 厘米。主茎 12～14 节封顶,侧枝 2～3 个,单株结荚 8～12 个。花白色,嫩荚绿色,长 8～9 厘米,宽 1.3 厘米。每荚有种子 5～7 粒,青豆粒微甜,成熟种子淡绿色,百粒重 20 克,春播后 70 天收获。

4. 食荚大菜豌 8 号 软荚种,早熟。株高 90～120 厘米,始花节位 8～9 节。荚多,双荚双花,白花。荚长 12～16 厘米,宽 2.2～2.8 厘米,嫩荚绿色,质软,无纤维,商品性好。抗病性强,适应性广。单荚重 8.5～13 克,每 667 平方米产鲜荚 600～700 千克。

5. 台中 11 号 系从台湾地区引进大陆的豌豆品种。软荚种,蔓生。主蔓第十三至第十五节开始着生花序,花淡紫色,双花或单花。荚长 9.5 厘米,宽 1.6 厘米,荚形较平直,绿色,单荚重 2.5～3 克。采嫩荚供食,每 667 平方米产量为 500～700 千克。

(二)直播栽培

在南方地区,豌豆可春播和秋播,以秋播为主。近年来,豌豆春播栽培,特别是早春大棚栽培,填补了蔬菜春淡市场供应,具有较高的栽培效益,种植面积扩展较快。早春豌豆栽培,需要塑料大棚套小拱棚等设施实行保护地栽培。豌豆要依据市场需求状况和预期的上市期,来确定播种期。如在 11 月下旬至 12 月上旬播种的豌豆,其上市期在 4～5 月份;在 2～3 月上旬播种的,其上市期在 5 月中下旬。豌豆以直播为主,应在与非豆科作物进行过 3 年以上轮作的地上种植。种植前要施足基肥,进行整地,每 667 平方米施充分腐熟的厩肥 1 500～2 500 千克,三元复合肥 30～40 千克,磷肥 40～50 千克。将有机肥与化肥混合后沟施,经精细整地后做畦。畦宽(包沟)1.5～1.8 米,畦高 25 厘米。豌豆栽培,不论是直播田还是定植田,均要求尽早施肥,精细整地,土壤细碎均匀。这样才能保证豌豆出苗快、出苗齐、长壮苗,确保一播全苗。

播种前精选粒大、饱满、整齐和无病虫害的种子作种,晒种 2～3 天后,浸种 8～12 小时,浸种时每 2 小时翻动种子一次。捞出后晾干,进行催芽。待种子露出胚根时,在 5℃±1℃低温中处理 5～10 天,然后进行播种。种子的低温处理具有春化作用,可促进花芽分化,降低第一花序着生节位,提早开花结荚,提早采收,提高产量。豌豆可进行条播或穴播。条播行距为 25～40 厘米,株距 5～8 厘米;穴播行距为 30～40 厘米,穴距 15～20 厘米,每穴点播 3 粒种子。播种密度还要根据豌豆品种的分枝能力作适当调整,分枝能力强的品种,其密度宜稀些。播种后盖土 3～5 厘米厚,结合盖籽整平畦面。然后每 667 平方米用 96% 金都尔除草剂 45 毫升,对水 50 升,进行畦面喷雾,再盖上微膜,可起到防草和保温的作用,最后盖好小拱棚保温。播种时如遇土壤干旱,可灌半沟水以润湿土壤,使土壤保持湿润,促进出苗。当幼苗顶土出苗时,要及时破膜放苗。幼苗出齐后要及时间苗和定苗,一般每 667 平方米留苗 3 万～4 万株。

(三)育苗移栽

种豌豆也可进行育苗移栽。对种子进行处理后,即可进行播种育苗。育苗床或营养钵的准备,参照其它豆类的育苗技术进行。播种时,先将苗床或营养钵浇足底水,然后每钵播种子 2～3 粒,覆盖籽土 1～1.5 厘米厚,再盖上地膜。早春季节及棚温较低时,畦面要搭小拱棚保温。当幼苗顶土时,要及时揭去地膜。定植前一周,要降温炼苗,加强通风。当棚内最低温度稳定在 4℃ 以上时,可进行豌豆的定植。或者当幼苗达到 4 片左右复叶时,即行定植。定植大田的施肥整地方法同直播田。整好地后,可用 96% 金都尔除草剂 45～60 毫升,对水 50 升,进行畦面喷雾,然后盖上微膜,5～7 天后,再定植豌豆苗。定植规格参照直播田进行,每穴栽 2～3 株。

(四)田间管理

1. 大棚的温度管理 早春大棚豌豆的棚温管理,既不能使棚温过低,幼苗生长缓慢,也不能形成高温条件,以免造成徒长或落花落荚。豌豆苗期的棚温,白天保持在 12℃～16℃ 即可。从抽蔓到开花前,棚温应保持在 15℃～20℃;开花后到采收时,棚温应保持在 17℃～21℃。棚温超过 25℃ 时,落荚增多,嫩荚泛黄,要注意加以防止。早春季节气候多变,还要及时做好棚内的通风换气工作,以及棚内的增温保温工作。

2. 肥水管理 在栽培豌豆的大棚内要注意田间排湿,控制肥水追施,防止植株徒长,以免妨碍坐荚。抽蔓开花时,要保持土壤湿润。苗期可结合浇水,每 667 平方米浇施稀薄人粪、尿 500 千克,或浇施尿素 5～7 千克,以促进发棵。现蕾后,结合浇水,重施追肥,每 667 平方米施复合肥 6～10 千克,加氯化钾 3～5 千克,进行浇施。坐荚后,每 10～15 天追肥一次,用量为每 667 平方米浇施复合肥 10～15 千克,以促进幼荚生长。同时,在开花结荚期可进行叶面喷肥,每 667 平方米用 0.3%～0.5%磷酸二氢钾溶液或 0.05%～0.1%的钼酸铵溶液 30～50 升,进行喷雾,以增加结荚量,提高品质。

3. 搭 架 蔓生型豌豆品种,当茎蔓生长到 20～30 厘米长时,要及时搭架扶苗,可在畦的两边竖插 70～80 厘米长的竹竿作支架,每距离 1 米插一根,在支架上拉上 3～4 道小绳子引苗上篱,可不使植株倒伏和相互缠绕,茎蔓分布均匀,有利于通风透光。要及时疏去基部近地面和高节位的分枝,以集中养分满足开花结荚的需要。

(五) 采 收

早春大棚豌豆成熟后,要及时采收上市,否则便失去早栽的意义。采收标准是:采收嫩豆的,须在豆粒充分饱满,豆荚由深绿变为淡绿时采收,一般在开花后 15～18 天可采收;采收嫩荚的,须在嫩荚充分肥大,鲜重最大,籽粒开始发育时采收,一般在开花后 12～15 天可采收。

三、病虫害防治

豌豆的病虫害,主要有豆蚜、豆荚螟、根腐病和根结线虫病等,可参照豆类蔬菜的防治办法进行防治。同时,还应注意防治下列病虫害:

(一) 豌豆潜叶蝇

豌豆潜叶蝇,又称油菜潜叶蝇,以幼虫潜入叶片表皮下,曲折穿行,取食叶肉,造成不规则灰白色线状隧道。严重时,叶片上布满虫道,尤以植株基部叶片受害最重,一张叶片上常寄生有几条到几十条幼虫,叶肉全被吃光,仅剩两层表皮。受害植株提早落叶,妨碍结荚,甚至使植株枯萎死亡。

幼虫孵出后,即由叶缘向内取食,穿过柔膜组织,到达栅栏组织,取食叶肉。成虫的适宜温度为15℃～18℃,幼虫的适宜温度为20℃左右。气温为22℃时发育最快,超过35℃不能生存。

防治办法:①及时清除田间杂草,减少虫源。②药剂防治:在成虫盛发期或始见幼虫潜蛀时,用90%敌百虫1 000倍液,或2.5%敌杀死3 000倍液,或10%菊·马乳油1 500倍液,进行喷雾防治。视虫情每隔7～10天喷一次,连续防治2～3次。

(二) 白 粉 病

豌豆的叶、茎蔓及荚均可发生此病。多开始于叶片。叶面初期出现白粉状淡黄色小点,后扩大成不规则形粉斑,粉斑联合后病部表面被白粉覆盖。叶背出现褐色或紫色斑块,叶片枯黄。茎和豆荚染病后也出现小粉斑,布满茎荚,导致茎部枯黄,嫩荚干枯。

发病条件:病菌以闭囊壳在遗落土表的病残体上越冬。翌年条件适宜时发病,借气流和雨水溅射传播。昼暖夜凉,多露多雨,环境潮湿,适宜其发生和流行。

防治办法:①实行轮作,选用抗病品种。②拌种杀菌。用种子重量0.3%的70%甲基托布津拌种,或50%多菌灵可湿性粉剂加75%百菌清可湿性粉剂(1∶1)混合拌种,拌种后密闭48～72小时,然后播种。③药剂防治:应及早喷药预防。在发病初期,可用杜邦易保1 000倍液喷雾防治,隔7天喷一次,连续喷2～3次。或用15%三唑酮可湿性粉剂1 500～2 000倍液,或50%多菌灵可湿性粉剂600倍液,进行喷雾防治,每隔10～15天喷一次,连续喷3～4次。

第七章　蕹菜栽培

第一节　概　述

蕹菜,别名空心菜、竹叶菜、通菜、藤菜等。原产于我国和印度,主要分布于亚热带地区。在我国华南、华中、华东和西南各地区,均有普遍栽培。蕹菜每 100 克可食部分,含蛋白质 2.3 克,脂肪 0.3 克,碳水化合物 4.5 克,钙 100 毫克,磷 37毫克,胡萝卜素 2.14 毫克,粗纤维 1 克,维生素 C 28 毫克,以及多种氨基酸等。蕹菜性寒味甘,凉血利尿,具解毒(解黄藤、砒霜、野毒菇中毒)和促进食欲等功效,是夏、秋季节主要的绿叶蔬菜。也可进行早春大棚栽培,补充蔬菜淡季的供应。

一、形态特征

蕹菜属旋花科甘薯属,以嫩茎叶为产品的一年生或多年生蔬菜。须根系浅,再生能力强,能从各茎节间生根。用种子繁殖的主根深入土层 25 厘米左右,用无性繁殖的其茎节上所生不定根长达 35 厘米。

其茎蔓性,或半直立,圆形而中空,匍匐生长,质柔软,绿色或淡绿色。也有带紫红色的品种。侧枝萌发能力强。旱生类型茎节短,水生类型茎节较长,节上易产生不定根。

子叶对生,马蹄形。真叶互生,长卵圆形,基部叶心脏形,也有短披针形或长披针形。叶全缘,叶面光滑,浓绿或浅绿。

花为完全花,腋生。花冠漏斗状,白色或浅紫色。聚伞花序,一至数花,异花授粉。蕹菜属短日照作物,一般栽培条件下不开花结籽。果实为蒴果,卵形,内含种子 2～4 粒。种子近圆形,皮薄,黑褐色,千粒重 32～37 克。依据结籽与否,可分为子蕹和藤蕹两大类。能结籽,用种子繁殖的为子蕹;不能结籽,用扦插繁殖的为藤蕹。

二、对环境条件的要求

蕹菜性喜高温多湿条件,耐光,耐肥,生长势强。其最大的特点是耐涝,抗高温。种子萌发需要 15℃ 以上的温度,种藤腋芽萌动需要 30℃ 以上的温度。植株茎叶生长的适宜温度为 25℃～30℃。温度高,茎叶生长旺盛,采摘的间隔时间短。蕹菜能耐 35℃～40℃ 的高温,15℃ 以下时蔓叶生长缓慢,10℃ 以下时生长停止。不耐霜冻。种藤窖藏,温度应保持在 10℃～15℃,并有较高的湿度,否则种藤易冻死或干枯。

蕹菜对湿度有较高的要求,喜水怕旱,需要较高的空气湿度和湿润的土壤。如果环境过干,藤蔓的纤维增多,粗老质次。蕹菜喜光照充足,在短日照条件下才能开花结籽。对土壤的要求不严格,无论水田和旱地均可栽培,以富含有机质的土壤为佳。蕹菜对氮、磷、钾的吸收量,以钾较多,氮其次,磷最少。蕹菜的需肥量较大,栽培中应注意施足肥料。

第二节 栽培技术

一、品种选择

在蕹菜的子蕹和藤蕹两大类型中,作早春大棚栽培的一般选用子蕹,其主要栽培品种如下:

（一）吉安大叶蕹菜

江西省吉安市地方优良品种。植株半直立,株高 42～50 厘米,开展度为 35 厘米,茎为管状,绿色,横径为 1～1.5 厘米。叶片深绿色,心脏形,长 13 厘米,宽 12 厘米左右,全缘。花白色,纤维少,质地脆嫩。从播种至始收需 40 天左右。生长期长,分枝性强,抗逆性强,耐高温高湿,抗病力强。每 667 平方米产量为 3 000～4 000 千克,连续采收的产量在 5 000 千克以上。

（二）泰国空心菜

来源于泰国。叶片柳叶形,株高 30～40 厘米。易发生侧枝,不定根发达,生长速度快,不易抽薹,抗逆性强,耐旱,耐涝,适应性广。每 667 平方米产量为 3 000 千克左右。

（三）广西白梗空心菜

株高 45 厘米,开张度为 30 厘米。茎秆粗大,黄白色,横径为 1.5 厘米。节长 5 厘米。叶片长卵形,上端短,下端心脏形,叶长 25 厘米,黄绿色;叶柄长 14 厘米,白色,质地柔软。分枝较多,耐热,耐湿。每 667 平方米产量为 3 500 千克 。

（四）赣蕹一号

从吉安大叶蕹菜中选育而成。株型紧凑,株高 48～66 厘米。茎叶淡绿色,横径为 1.8 厘米。叶片苗期为披针形,采收期为心脏形,晚期近圆形。长 14～15 厘米,宽 12～13 厘米。叶片微皱,花白色。抗暴雨,抗病,质地柔软,早熟丰产,商品性好。每 667 平方米产量为 3 000 千克,分次采收的达 6 000 千克。

（五）青梗子蕹菜

系湖南省地方农家优良品种。早熟,植株半直立,株高 25～30 厘米,开展度为 12 厘米。茎浅绿色。叶戟形,绿色,全缘,叶柄浅绿色。每 667 平方米产量为 2 500～3 000 千克。

(六)大骨青蕹菜

系广州市农家优良品种。早熟,生长势强,分枝较多,茎梢细,青黄色,光滑,节疏。叶片长卵圆形,深绿色。抗逆能力强,较耐寒耐涝。播后 60 天左右采收,每 667 平方米产量在 5 000 千克以上。

二、播　种

早春蕹菜栽培,利用塑料大棚套小棚作栽培设施,在 2 月上中旬进行直播。也可进行育苗移栽。如有条件,可用温床育苗(如电热温床或酿热物温床),其播种期可提早到元月份。

(一)直播田整地

选择土壤疏松肥沃、排灌方便的田块,建好塑料大棚。每 667 平方米施用石灰 100 千克,充分腐熟的有机肥或厩肥 3 000～4 000 千克,磷肥 50 千克,复合肥 40～50 千克。施后进行翻耕整地做畦,盖上地膜保湿提温,等待播种。

(二)种子处理与播种

早春蕹菜栽培,由于气温较低,加上种子皮厚而硬,发芽缓慢,如遇低温多雨天气,容易造成烂种。因此,要进行浸种催芽后再播种。浸种前,先将种子放在太阳下晒种 1～2 天,再用 30℃的温水浸泡 20 小时左右,然后用湿布包好种子,置于 30℃左右温度下催芽。有条件的可采用恒温箱催芽,没有条件的可用电热毯催芽。具体方法见第三章中电热毯催芽技术的相关内容。播种前,将畦面整平,做到土壤细碎,畦面平整,浇足底水后进行撒播。播种量为每 667 平方米 10～15 千克。如采用密播间拔采收,播种量可增加到每 667 平方米 20

千克。播种后,可用细土或培养土进行盖籽,厚 1 厘米左右。再浇施一遍 10%～20% 浓度的稀薄人粪、尿水,并用 96% 金都尔 45～60 毫升,对水 50 升,对畦面喷雾,进行防除杂草的处理。最后用地膜覆盖畦面,进行保温保湿,并关闭棚门,提温促进种子萌发出苗。

三、田间管理

(一) 温、湿度管理

出苗前,要提升棚内温度,以利于发芽出苗。棚内温度应保持在 30℃～35℃。当幼苗子叶约有 80% 开始顶土时,揭去地膜等覆盖物,并随即将薄膜搭建好小拱棚保温。齐苗后,选无风晴天中午气温较高时,揭开薄膜、喷水保湿。出苗后,棚内温度应掌握在白天为 25℃～30℃,夜间为 20℃左右,转入正常的温、湿度管理。寒潮天气时,要密闭大棚,做好保温增温工作,使棚内温度达到 10℃以上。当棚内温度高于 35℃时,要进行通风换气。在适宜的温度范围内,高温、高湿有利于蕹菜的生长。因此,做好蕹菜大棚的保温防寒工作,是早春栽培的技术关键。当蕹菜苗高 10 厘米、具有 4～5 片真叶时,可间拔苗进行定植。

(二) 肥水管理

蕹菜是多次采收的作物,除施足基肥外,还需根据苗情多次追肥。施肥原则为先稀后浓,以氮为主。当出现第一片真叶时,施提苗肥,每 667 平方米施 2%～3% 浓度的、充分腐熟的人、畜粪肥水 500～1 000 千克;2～3 片真叶时,每 667 平方米浇施 10%～15% 浓度的人、畜粪肥水 1 000～1 500 千克。当幼苗长有 3～5 片真叶时,每 667 平方米用复合肥 15～20

千克加尿素 2~4 千克混合,进行浇施追肥。以后依据苗情进行追肥。

四、育苗移栽

蕹菜进行温床育苗时,播种期可提早到元月份。如果采用大棚套小棚加草帘的冷床保温设施,可在 2 月上旬进行播种育苗。温床的准备参照第三章相关内容进行。苗床宽 1 米,长度因苗量而定。畦面上铺一层 3 厘米厚的培养土,浇足底水后播种。种子处理方法同前。每 667 平方米苗床的播种量为 30 千克,秧田与大田的比例为 1∶10~15。播种及其苗床管理方法,同直播栽培。当苗高 10 厘米,具 4~5 片真叶时,进行定植。定植的株行距均为 12~15 厘米,每穴栽 2~5 株,栽后及时浇水定根。也可以结合直播进行育苗,即当蕹菜幼苗长到 10 厘米左右,有 4~5 片真叶时,用间拔苗进行定植。另一种方法是,当苗高 18~21 厘米时,也可剪苗,将其定植于大田。其它管理措施同直播栽培。

五、采收及管理

蕹菜的采收方式有多种,可以在苗高 18~21 厘米时,结合定苗间拔上市,留下的苗子行多次采收上市。当蕹菜苗高 25~28 厘米时,即可分批采收上市。第一次采收时,茎基部保留 2 个茎节,以促进萌发较多嫩枝而提高产量。第二次采收时,在茎基部留下 1~2 个茎节;第三次采收时,仅留一个茎节,以促进其发生更多分枝。每次采摘 2~3 天伤口愈合后,每 667 平方米追施尿素 5 千克。连续采摘收获的蕹菜,每 667 平方米产量可达 5 000 千克以上。为了保证均衡采摘上市,可轮换地块采摘,并做到留桩齐平,以利于生长。为了提高蕹菜的产量和效益,可借鉴的经验是,进入春、夏天气后,不要将大棚膜掀去而一直覆盖,如果温度高于 35℃时,可将遮阳网盖在膜上。由于棚内温度高,蕹菜生长快,其产量可比掀膜后行露地栽培的蕹菜提高 2～3 倍,因而大大提高了栽培效益。原来露地栽培的,每周约采收一次,而棚内栽培的由于温度高,生长快,每周可采收 2～3 次。这是蕹菜增产增收的好措施。

六、种子繁育

(一)留种地选择

要选择较瘠薄的旱地作留种田,以免营养生长过旺,推迟开花结籽。一般以选留不能栽插二季晚稻的水稻田为留种田较适宜。

(二)扦插母株的选留

春播蕹菜,经分次分批采摘嫩梢上市后,于 6 月上中旬停止采收上市,作为扦插留种用的母株。选取具有本品种特征的植株,取生长旺盛的母枝,剪成 30 厘米左右的茎段。于 7 月上中旬(或 6 月底在早稻田收获前),斜插入水田中,入土 2～3 节,以利于生根,行株距为 20～30 厘米,每穴扦插两枝。

(三)肥水管理

扦插蕹菜活棵后,要进行中耕除草,补苗施肥。每 667 平方米施尿素 2～3 千克或浇施人、畜粪水。8 月中旬至 9 月上旬,每 667 平方米施三元复合肥 20 千克。为提高种子产量,可在活棵后采用扎“人”字架,或三脚“人”字架进行引蔓栽培,将主茎引到棚架上,以后陆续将侧枝也引上架。采用这种方法,所产的种子量可比爬地生长的种子产量提高1～2倍。

(四) 采收与种藏

11月下旬后,种子陆续成熟。待种苞外皮呈浅褐色时,应分批采收,或等到整株种苞有80%成熟时,一次性采收晒干。然后,将其摊铺在水泥场地上碾压。使蒴果裂开,经筛选、扬净和包装后,进行收藏。应将种子贮存于干燥通风处。一般每667平方米的种子产量为50千克。

第三节 病虫害防治

一、蕹菜白锈病

病株叶片正面产生淡黄绿至黄色斑点,后变为褐色,病斑较大。叶背产生白色隆起状疱斑,为近圆形或椭圆形,或不规则形。叶片受害严重时,病斑密集,叶片畸形,脱落。茎秆被害后肿胀畸形,直径增粗1～2倍。

发病的适温为20℃～30℃,最适温度为25℃～30℃。湿度大,叶面具有水膜时,容易发病。

防治办法:①选用无病种子,并进行种子消毒。消毒时,可用种子重量0.3%的瑞毒霉可湿性粉剂拌种,然后播种。②与非旋花科蔬菜轮作二年,最好是水旱轮作。③增施有机肥,注意通风降湿。④药剂防治:用1∶1∶200波尔多液,或65%代森锰锌500倍液,或25%瑞毒霉可湿性粉剂600倍液,进行喷施防治,隔7～8天喷一次,连喷3～4次。

二、蕹菜猝倒病

该病主要危害蕹菜幼苗的嫩茎,种子萌芽出土前发病,引起烂种。子叶展开后染病,苗茎呈浅褐色水渍状,后出现茎腐并变软,病部缢缩,幼苗猝倒,全株迅速枯死。病株附近成为发病中心,苗床出现大大小小的塌圈,病苗成片猝倒。

病菌主要靠土壤传播。高温、高湿条件下发病严重。

防治办法:①选用无病虫培养土育苗,进行种子消毒,选用抗病品种等。②按要求进行大棚通风换气,降低棚内空气湿度。③药剂防治:用72.2%普力克800倍液,或64%杀毒矾600倍液,或72%杜邦克露600倍液,进行喷施防治,隔7～10天喷一次,连续喷3～4次。

三、小菜蛾

该虫初龄幼虫仅能取食叶肉,留下表皮,在菜叶上形成透明斑。3～4龄幼虫将叶片食成孔洞和缺刻,严重时形成网状。

小菜蛾的发育适温为20℃～30℃。在长江流域及华南地区,3～6月份和8～11月份,为两个发生高峰期。

防治办法:①实行轮作,及时处理残枝败叶,消灭虫源基数等。②药剂防治:用5%锐劲特2 000倍液,或0.5%青青乐1 000倍液,或20.5%扑安1 500倍液,喷雾防治。

四、其它害虫

蕹菜的虫害,还有红蜘蛛、蚜虫、斜纹夜蛾和潜叶蝇等,可参照茄果类蔬菜害虫的防治办法,进行防治。

第八章　萝卜栽培

第一节　概　述

萝卜,别名芦菔、莱菔。栽培萝卜,以肥大的肉质根供食用。萝卜是冬、春供应市场的主要蔬菜,在我国栽培历史悠久,种植面积大。特别是早春棚栽萝卜,种植面积逐年增加。萝卜营养丰富,每 100 克鲜品中含水分 87～95 克,糖 1.5～6.4 克,纤维素 0.8～1.7 克,维生素 C 8.3～29 毫克,还含有其它维生素和矿物盐等。萝卜中的芥子油和精纤维,可促进胃肠蠕动,有利于体内废物的排出。萝卜中所含的淀粉分解酶,能促进食欲和帮助消化等。常吃萝卜,还可以降低血脂,软化血管,稳定血压,预防冠心病、动脉硬化和胆石症等疾病。中医认为,萝卜其性凉味辛甘,具有消积滞、化痰清热、下气宽中和解毒等功效。

一、形态特征

萝卜属十字花科萝卜属,为能形成肥大肉质根的二年生草本植物。萝卜属深根性作物,根系发达。小型萝卜的主根深达 60 厘米以上,大型萝卜的主根深达 100 厘米以上,但主要根群分布在地下 20～45 厘米的土层中。因此,栽培萝卜需要土层深厚、肥沃的土壤。萝卜的肉质根,既是产品器官,又是营养物质的贮藏器官。肉质直根,在外形上可分为三个部分:①根头部(顶部):为短缩的茎部,由幼苗的上胚轴发育而成,上生芽和叶。②根颈部:由子叶以下的下胚轴发育而成。此部没有叶,一般也无侧根,表面光滑。③真根部(根部):由幼苗的初生根发育而成,上生两行侧根。萝卜的根头、根颈和真根三部分,在功能上构成一个统一体,是贮藏养分的器官。

萝卜的茎在营养生长期是短缩茎,节间密集,叶片簇生其上。进入生殖生长期时,茎伸长为花茎和花薹。

叶在萝卜的营养生长期,丛生于短缩茎上。叶分为全缘叶和裂刻叶。叶色有绿、浅绿及深绿。叶丛伸展的方式有直立、半直立和平展三类。叶片和叶柄多有茸毛。

萝卜的花为无限总状花序,完全花,花瓣四片,呈"十"字形,花有白色、粉红色和淡紫色等。全株的开花期为 30～35 天,每朵花的开放期为 5～6 天。

萝卜的果实为长角果,成熟后不开裂,种子着生于果荚内。每果有种子 3～8 粒。种子为不规则的略为扁平的圆球形。种子的颜色与肉质根皮的颜色相关。肉质根皮色为白色的,种皮为麦黄色或棕色;肉质根皮色为绿色的,种皮为深红褐色、褐色或黄褐色。种子千粒重 7～16 克,种子寿命一般为 4～5 年。生产上宜用当年的新种子播种。

二、萝卜的生长发育周期

萝卜可以分为营养生长期和生殖生长期两大阶段。

(一) 营养生长期

萝卜的营养生长期,分为以下几个时期:

1. 发芽期 从种子萌动到第一片真叶显露。在适温为 20℃～25℃时,需要 5～6 天。

2. 幼苗期 从真叶显露到 7～10 片叶展开。在适温为 15℃～20℃时,需要 15～20 天。当幼苗具有 5～6 片叶时,由于根的中柱开始膨大,而表皮和初生皮层不能相应膨大,从下胚轴部位破裂,称"破肚"或叫"破白"。破肚历时 5～7 天。破肚是肉质根开始膨大的象征。

3. 肉质根形成期 从破肚结束到肉质根形成。此时期又分为肉质根生长前期,即"破肚"到"露肩";肉质根生长盛期,即"露肩"到收获。到"露肩"时,植株生长的重点,由地上叶片的生长转向地下肉质根的生长,此期根系对氮、磷的吸收比前一时期增加 3 倍,钾的吸收增加 6 倍。在肉质根形成期,适温为 13℃～18℃时,一般需要 40～70 天,生育期短的四季萝卜,在适宜温度条件下,仅需 15～25 天。

(二) 生殖生长期

萝卜的生殖生长期包括抽薹期、开花期和结荚期。

三、对环境条件的要求

萝卜为半耐寒蔬菜,喜冷凉。种子在 2℃～3℃时开始发芽,发芽适温为 20℃～25℃,幼苗期在 −2℃～25℃的温度下,仍然能正常生长。萝卜根出叶生长的温度为 5℃～25℃,适温为 15℃～20℃。肉质根生长的温度范围为 6℃～20℃,适宜温度为 13℃～18℃。温度低于 −2℃时,肉质根会受冻害;高于 28℃时,肉质根生长不良,易感染病毒病。萝卜的萌动种子和幼苗等,均可接受低温影响而通过春化阶段,发生先期抽薹;多数萝卜品种在 2℃～4℃的条件下,经过 15～30 天,即可通过春化阶段。因此,在萝卜早春大棚保护地栽培中,必须选用冬性强的品种。

萝卜生长需要较强的光照。光照较充足,肉质根膨大快,产量高,品质好。如果栽培密度较大,光照不足时,则会引起叶丛生长过旺,而影响肉质根膨大,使产量降低,品质变差。

水分是影响萝卜产量和品质的重要因素之一。在肉质根膨大期,要求土壤持水量为65%~80%,空气相对湿度为80%~90%。若土壤缺水,就会使肉质根膨大受阻,表皮粗糙、辣味增加,容易糠心。但水分含量过高,侧根着生处又形成不规则的突起,也会降低品质。在肉质根膨大盛期,若土壤忽干忽湿,就会极易造成萝卜裂根。

萝卜对土壤要求不甚严格,但以湿润而富含腐殖质,排水良好,土层深厚的砂壤土为最好。土壤的pH值以5.3~7.0为宜。萝卜对营养元素的吸收量,以钾为最多,氮次之,磷最少。

第二节　栽培技术

一、品种选择

早春大棚萝卜上市早,能够缓解蔬菜供应"春淡"紧张程度,具有较好的经济效益和社会效益,因而近年来种植面积渐增。在进行栽培时,要选用冬性强,生长期短,对春化要求严格的品种。可供选用的萝卜主栽品种如下:

(一) 白玉春

为韩国品种。叶簇直立,叶片少,全裂,耐寒,抽薹晚。肉质根生长快,极少裂根。根长圆筒形,长为30~33厘米,横径为9~10厘米,单根重0.7~1.5千克。肉质致密脆嫩,味甜,品质好。

(二) 四季小政

为日本育成的一代杂种。其生长期为60~70天。板叶,叶簇生半直立。根长圆筒形，1/4露出地面。皮肉白色，汁多味甜，品质优良。单根重0.5～1.2千克，每667平方米产量为2 500千克。

（三）新美白春

根部全白，有光泽，长圆筒形。根长30～35厘米，根茎为7～8厘米，根重1.5千克左右。肉质致密，裂根少，抗性强。播后60天可收获。

（四）春早生

叶色深绿，羽状裂叶，叶丛上冲，叶柄粗。肉质根圆柱形，顶部钝圆，长50厘米左右，白皮白肉。越冬性强，抽薹晚，生长速度快，品质好。

（五）超级玉春

该品种具备白玉春所有优点，极耐抽薹。根形优，抗性强，是目前春种白萝卜的优秀品种。

（六）天春大根萝卜

耐寒，耐抽薹，高产。萝卜表皮白，根眼少，粗直且长，长度达40厘米。单根重2～3千克，肉质嫩甜。

此外，还有长白2号、春红2号和春白1号等优良品种，均可供春播选择栽培。

二、大棚整地

用塑料大中棚等保护设施进行萝卜栽培。所用田块以土层较深的砂壤土为佳，及早深耕多翻，充分打碎耙平，使之土壤疏松，有利于萝卜肉质根的正常生长。由于肉质根大部分在地下生长，其产量和质量与土壤耕作层深浅等关系极为密切。因此，要提倡土层的深翻，有条件的可进行机耕，效果更好。要施足基肥，每667平方米施腐熟的有机肥3 000～

3 500 千克,复合肥 30~40 千克,草木灰 100 千克,过磷酸钙 25~30 千克,施后进行整地做畦。畦高 20~25 厘米,畦宽 1~2 米,沟宽 40~45 厘米。要求做到土壤疏松,畦面平整,土质均匀。

三、播　种

栽培早春大棚萝卜,在元月中旬到 2 月中旬期间,选择晴天播种。根据市场行情,可以分批播种,从而分批收获,分批上市。早春大棚萝卜一般为中果型品种,其行株距为 15~20 厘米;大果型品种,其行株距为 20~30 厘米。萝卜要求精量播种,每穴播 2~3 粒种子,中果型品种用种量为每 667 平方米 150 克。播种时,在畦面上开穴,播入种子,播后盖 2~3 厘米厚的细土,并在畦面上覆盖地膜保温保湿。然后,在棚内灌半沟水,使畦面充分吸湿,水勿上畦面。待水分自然落干即可,以利于出苗。

播种后,要做好棚内的保温工作,有条件的可在大棚内加盖小拱棚,进行保温。

四、田间管理

(一)棚内温、湿度管理

萝卜播种后,应密闭大棚不通风,以提升棚内温度,促进出苗。白天温度应维持在 25℃ 左右,夜间为 15℃~18℃。当出苗 50% 左右时,要及时揭去覆盖在畦面上的地膜。若加盖有小拱棚,也要早揭晚盖,以增加光照。出苗后,棚内温度可降至 20℃ 左右。从出苗后到第一片真叶展开之前,要注意棚内通风,进行温度调控,防止萝卜幼苗徒长,形成"高脚苗"。从第一片真叶展平到收获,棚内温度白天应保持为 20℃~

25℃,夜间为12℃。当棚内白天温度超过25℃时,要进行通风,降温,排湿。下午温度降至20℃时,应及时关闭棚门保温。进行早春大棚萝卜栽培,目的是提早采收。因此,保持棚内较高的适宜温度,有利于肉质根的膨大和提早上市。

(二) 及时间苗、定苗

萝卜播种后,一般3天即可出苗。如遇低温阴雨天气,出苗时间会延长。幼苗出土后,应及时间苗。否则,容易造成幼苗拥挤,纤细徒长。一般在出苗后第一片真叶展开时,进行第一次间苗,将病虫苗、畸形苗、弱苗及杂株苗拔去。第二次间苗可在2~3片真叶展开时进行。定苗期在5~7片叶时,即萝卜的"破肚"时进行。按照规定的行株距,每穴保留一株具有本品种特征的健壮苗,其余可以全部拔去。

(三) 肥水管理

萝卜喜湿怕旱,应加强水分管理,保持畦内地表见干见湿。如水分过多,则叶部徒长,影响肉质根的生长量,并导致根部开裂。各生长时期的水分管理原则大致是:播种时要充分浇水,确保出苗快而整齐;幼苗期,即在"破肚"前的这一时期内,要"少浇勤浇",促进根系向纵深发展;进入叶部生长盛期,即"破肚"到"露肩"时期,要保证足够的水分,但不能过量,即"地不干不浇,地发白才浇";进入根部生长盛期,则需要均匀地供给水分,切勿过干过湿;到了根部生长后期,要适当浇水,防止萝卜空心,提高品质和耐贮力。

萝卜棚内浇水,要在中午前后进行,以防止降低地温,影响根部生长。进行时,在畦沟内灌半沟水,让土壤慢慢吸干沟水,达到保墒的目的。在萝卜收获前5~7天,应停止浇水。

萝卜生长要求基肥充足,并要结合施肥水分次追肥。一般在间苗及定苗后各追肥一次,可每667平方米用人粪、尿加

3～5千克尿素,进行浇施,促进提苗。当,萝卜"破肚"后,即肉质根开始膨大时,每667平方米可追施复合肥15～20千克。萝卜"露肩"后,视长势情况,可结合灌肥水,随水冲施或撒施复合肥等。

萝卜定苗后,可结合中耕除草,进行培土。萝卜肉质根形成初期,可用浓度为80～120毫克/升的多效唑溶液进行喷雾,促进肉质根的膨大,可提高产量15%～20%。

五、采　收

当萝卜的肉质根充分膨大,根的基部圆起来或平底,叶色转淡时,应及时采收应市。

六、病虫害防治

早春大棚栽培的萝卜,其病虫害主要有蚜虫、菜青虫和软腐病等,防治方法如下:

(一) 蚜　虫

蚜虫,是棚栽萝卜的主要害虫。其防治办法是:①用黄色板诱杀。具体方法参照瓜类或茄果类蔬菜蚜虫的防治方法进行。②药剂防治:可用50%避蚜雾可湿性粉剂2 000～3 000倍液,或10%吡虫啉1 000～1 500倍液,或40%氰戊菊酯3 000倍液喷雾,进行防治。

(二) 菜　青　虫

菜青虫是菜粉蝶的幼虫,它主要吃食叶片。2龄前只能啃食叶肉,留下一层透明的表皮。3龄后可蚕食整个叶片,严重时使叶片仅剩叶脉。菜青虫发育的最适温度为20℃～25℃,最适相对湿度为76%左右。

药剂防治:掌握在3龄前用药。可用25%速灭菊酯乳油

4 000～5 000 倍液、或 50％辛硫磷乳油 800～1 000 倍液,喷雾防治。

（三）软 腐 病

主要危害根茎、叶柄或叶片。根部染病常始于根尖,初时出现水渍状软腐,以后逐渐向上扩展,使心部软腐溃烂成一团,病斑边界明显。

发病条件:病菌发育适温为 25℃～30℃。

防治方法:发病初期,可用 72％农用硫酸链霉素可湿性粉剂 3 000～4 000 倍液,或新植霉素 4 000 倍液,或 14％络氨铜水剂 350 倍液等,进行淋施防治,隔 7～10 天淋施一次,连续淋 2～3 次。

萝卜幼苗期病害主要有猝倒病和立枯病,后期有病毒病等。可参照茄果类或瓜类蔬菜同类病害的防治方法进行防治。

七、栽培中的常见问题及解决途径

（一）先期抽薹

先期抽薹,即在肉质根尚未肥大之前就抽薹开花。其产生原因是品种选用不当,或播种过早,或遇到冬春季节的低温,这些都能造成先期抽薹。因此,要选用不易抽薹的品种,播种期应选择在棚内平均气温不低于 10℃时。同时,寒冷天气要采取保温措施,提高棚内温度,促进萝卜肉质根生长膨大。

（二）肉质根分杈

耕作层太浅,土壤坚硬,或者遇到石砾,会引起萝卜分杈。为防止肉质根生长时分杈,整地时须进行土壤深翻细耙,若进行机耕,则效果更佳。

（三）肉质根开裂

因肉质根膨大期水分供应不均所致。因此，为防止肉质根开裂，在生长前期遇到干旱时，要及时灌溉。中后期肉质根迅速膨大时，要均匀供水。

（四）肉质根空心（又称糠心）

一般是采收过迟或先期抽薹，均易引起萝卜肉质根空心。土温过高、缺水、呼吸作用强，也容易引起空心。要防止肉质根糠心，就要针对其产生的原因，有的放矢地采取相应的栽培管理措施。

（五）肉质根有辣味

这是由于肉质根中芥辣油含量增高所致。当天气炎热干旱，有机肥供应不足时，往往产生较多的芥辣油，使辣味增重，品质下降。防止的办法是科学地管理水分，适时适量地进行灌溉，防止萝卜在生长中缺水。

（六）肉质根有苦味

这是因肉质根中的苦瓜素的含量过高所致。苦瓜素是一种含氮的碱性化合物，往往与偏施氮肥，缺少磷、钾肥有关。因此，要防止萝卜肉质根产生苦味，栽培中要科学施肥、平衡施肥，要注意增施有机肥和磷、钾肥等。

第九章　几种蔬菜轮作、套种高效栽培茬口模式实例

　　随着大棚蔬菜种植年限的增加,由于蔬菜基地土地轮作困难,大量化肥、农药等化学物质的投入,以及人们追求蔬菜栽培的高效益等多种因素的影响,大棚蔬菜生产弊端便不断显露出来。如土壤的盐渍化加重,病虫基数增加,地力下降,土壤环境质量恶化,作物自毒现象等,表现突出。要克服这些弊端,提高种植效益,除了要对各早春大棚蔬菜运用先进技术,进行科学种植外,还要因地制宜,从实际出发,科学地安排茬口,进行轮作和套种。比如,在长江流域及其以南地区雨水较为丰富,多属稻作区,可以实行蔬菜与水稻的水旱轮作,以克服常年蔬菜种植所带来的弊端,促进蔬菜生产的良性发展。现介绍几种早春大棚蔬菜茬口轮作、套种等高效栽培模式实例,供菜农选择参考。

第一节　早春大棚辣椒套种果蔗双高栽培模式

　　采用塑料大棚套小棚双层薄膜加草帘的三层覆盖保护设施,进行辣椒育苗,用塑料中棚作定植棚。辣椒的播种期可提早到 10 月下旬,果蔗的播种期可提早到元月份,定植于大棚内,使两者的生育进程大大提前,辣椒的上市期在 4 月下旬,果蔗的上市期提早到 9 月上旬,均分别比常规露地栽培提早上市 50～60 天,可填补市场空白。辣椒和果蔗的市场独占期分别达到 50 天以上,价格好,效益高。如江西省永丰县佐龙

乡早春大棚辣椒套种果蔗基地 0.14 万公顷（2.1 万亩），每667 平方米套种效益均达到 6 000 元以上，是种植双季稻的 5倍以上。该模式克服了以往套种栽培中，作物"一主一次"、效益"一高一低"的弊端，取得了两种作物都高效的双高栽培效果。同时，还具有土壤养分均衡互补、降低病原基数、改良土壤等生态效益，因而具有广阔的推广前景。该模式的栽培技术如下：

一、大棚辣椒育苗

早春大棚辣椒的育苗、定植及棚内的管理措施，参照第四章辣椒栽培的相关内容进行。

二、大田整地、直播果蔗与定植辣椒

种植的果蔗，要选择早熟、丰产、长势旺、抗逆性强、商品性好的果蔗品种，如拔地拉和永丰水果蔗等品种。种蔗起窖要轻拿轻放，摘除叶片，留下叶鞘护芽。从生长点处劈去尾梢，选取侧芽饱满、健壮、无病虫害、粗壮的种茎作种。将蔗茎斩成双芽苗或三芽苗后，进行蔗种消毒。消毒方法，一是用2%石灰水浸种蔗 12～36 小时，用清水冲洗干净后再播种；二是用 50%多菌灵或 70%甲基托布津 800 倍液，浸种 5～10 分钟，洗净后播种。

定植大田要选择土质疏松、肥沃的田块，在元月份至 2 月初，每 667 平方米施入有机肥 1 500～2 000 千克，磷肥 100 千克，复合肥 25 千克，生物有机肥 150 千克，然后进行整地做畦。整地时要选择晴天土壤干爽时进行。如果土壤湿度大进行整地，因土温低回升慢，不利于果蔗和辣椒的发根与发棵。

将整好的地，做成宽 75 厘米、高 25 厘米的畦，畦沟宽窄相间,宽沟宽40厘米,窄沟宽25厘米,并在畦的中央顺畦的走向,开好植蔗沟,沟深15厘米、宽15厘米,然后栽入蔗种。每667平方米栽双芽苗或三芽苗2 000根或1 500根(有种芽4 000个左右)。每隔10~20厘米栽植一根果蔗种,蔗种贴泥平放并稍压实,使之与土壤充分接触,再用土盖住蔗种,整平畦面,盖上微膜,建好高1.5~1.8米的定植大棚,一棚套两畦窄沟在棚内,关好棚门,提升棚内温度,等待辣椒定植。

在2月中下旬,选择晴好天气定植辣椒,株距0.35米,行距0.45米,每667平方米栽2 500株。大小苗分开定植,用泥土压封栽植口,边栽边浇10%人粪、尿肥水定根,然后关闭棚门。定植田块要求围沟、腰沟和畦沟"三沟"相通,以利于排渍。

三、共生期管理策略

早春大棚辣椒套种果蔗,共生期长达6个月以上。共生期的管理,是整个套种模式的核心技术。此时辣椒正是挂果盛期,即产量形成期;果蔗则是苗齐、苗壮、分蘖及蔗茎伸长的关键时期。因此,协调共生期的管理,成为夺取该模式"双高"效益的关键。

(一)管理策略

对辣椒要"一促到底";对果蔗要"促—控—促—控"。其管理工作如下:

1. 辣椒:"一促到底" 要求辣椒适时早播、早定植、早管理,促进早挂果、早采收、早期形成产量。管理的技术要点是:4月中下旬视气温回升情况,掀起大棚两边薄膜通风。6月中旬,蔗茎开始伸长,株型高大,每畦拔除一行辣椒,让出空间给果蔗生长。留下另一行辣椒精细管理,争取辣椒"壮尾"。总之,辣椒的管理体现一个"促",达到平衡增产,尽早收园,以利于后作果蔗生长。

2. 果蔗:"促—控—促—控" "一促":即前期(萌芽~分蘖期)要增温保温,促进果蔗多出苗,苗齐,苗壮,多分蘖,为高产打基础。"一控":从 6 月初开始(即果蔗伸长期的初期)到 7 月上旬,要控制果蔗的生长,防止果蔗生长过快,影响辣椒产量。即控制给果蔗追施肥水,放缓果蔗的生长速度,使辣椒和果蔗错开生长高峰期,协调生长,"互让互利",以谋求两者的效益最大化,实现"双高"的目的。"二促":辣椒收园后,及时进行中耕松土,重施伸长肥,喷施"九二〇"等微肥,促进蔗茎生长高峰的到来,使每旬的最大生长速度达到 10~30 厘米以上,迅速形成生物产量,搭建丰产苗架。"二控":从 8 月中旬开始,又要控制果蔗的生长。通过控制田间灌水和喷施肥料,保持田间湿润即可,促进果蔗后熟、增糖。到 9 月上旬,果蔗即可开始收获。

(二)管理方法

1. 辣椒管理 共生期的辣椒管理,如棚温管理、肥水管理、植株整理等方面,其管理措施可照第四章大棚辣椒栽培的相关内容进行。进入 6 月中旬,要拔除一行辣椒,让出空间给果蔗,以利于生长和培土施肥。另一行辣椒继续挂果,直到 7 月中旬左右。

2. 果蔗管理 大棚内果蔗的管理应侧重做好以下工作:

果蔗在棚内处在优越的光温肥水条件下,在 2 月中旬果蔗开始萌动发根,3 月份为出苗期。果蔗萌发出苗,要及时破膜,以利于出苗。4 月初进入果蔗分蘖期,一直到 5 月下旬为分蘖末期。

要加强果蔗的肥水管理。在辣椒施用肥水时,要结合给果蔗施肥,使果蔗有充足的肥水,以利于分蘖。一是在5月底至6月初,果蔗进入伸长期时,追施拔节肥,每667平方米施复合肥10千克。6月中旬,每畦辣椒拔除一行后,进行中耕培土。要及时清理田间残枝败叶,并拔除病死株,以扩大果蔗的生长空间。二是从7月初开始,及时拔除果蔗无效分蘖,剥去其老叶黄叶,并开边沟重施伸长肥,每667平方米施生物有机肥50千克,加硫酸钾复合肥50千克,施后培土护蔸。三是在7月中旬,对辣椒进行拔苗收园,给果蔗喷施"九二〇",用量为每667平方米3~4克,加磷酸二氢钾100克,对水100升,以促蔗茎伸长。进入7月份,天气干旱,要注意保持田间湿润干爽,促进果蔗生长。

(三)病虫害防治

共生期的病虫害,要结合进行兼治。辣椒的病害,有疫病、炭疽病、灰霉病和根腐病,虫害有蚜虫、烟青虫和斜纹夜蛾等。果蔗的病害主要有黄锈病、梢腐病、黑穗病、虎斑病和病毒病,虫害主要有二点螟、蔗蚜和红蜘蛛等。在防治时,要结合用药,综合防治。辣椒的病虫害防治可参照第四章内容进行。果蔗的病虫害防治方法如下:

1. 防治辣椒及果蔗的病毒病 用毒尽600倍液,或喜门800倍液,或病毒K 1 000倍液,加芸薹481水剂4 500倍液,加高能红钾600倍液,喷雾防治。

2. 防治果蔗黄锈病、梢腐病和黑穗病 用45%大生(M-45)600倍液,或松酯酸铜750倍液或50%多菌灵粉剂800倍液,喷雾防治。

3. 防治果蔗虎斑病和辣椒菌核病等 用5%井冈霉素100倍液或13%井·水杨酸钠300倍液,喷雾防治。

4. 防治烟青虫和蔗螟 根据田间调查,掌握在2龄幼虫前(蛀果前)进行防治。防治时,用穿透杀(阿维毒死蜱)500倍液,或25%虎口(毒死蜱、辛硫磷)400倍液,进行喷雾防治。

5. 防治蚜虫　用阿克泰7 500倍液,或5%吡虫啉乳油900倍液喷雾防治。

6. 防治红蜘蛛　用1.8%青青乐2 000倍液,喷雾防治。

7. 防治地下害虫　对地老虎、蔗龟等地下害虫,用20%甲氰菊酯1 500倍液灌根,或每667平方米用护地净2千克,拌干细土,穴施于根旁边防治。

四、果蔗的中后期管理

在7月中旬辣椒收园后,清洁田园,在刚拔除辣椒苗的畦上,开边沟补施一次伸长肥,每667平方米施复合肥25千克,并培土护蔸。同时,进行全田中耕大培土。在7月下旬(离上次喷"九二〇"10～15天),每667平方米用"九二〇"10克,加磷酸二氢钾150克,对水100～125升,进行喷雾。是否喷施第三次"九二〇",应视苗情而定,其用量为每667平方米7～10克,加磷酸二氢钾150克,对水100～125升,进行喷雾。在喷施"九二〇"等微肥时,要保持田间充足的肥水和土壤湿润,使施用效果更佳。否则,施用效果将受到影响。

进入夏、秋季节,要对果蔗防旱保湿,特别是在7月中旬至8月份,要保持蔗田湿润。如遇果蔗新叶不平展,出现"卷心",说明已严重缺水,应及早灌水解旱,以保障生长。并结合进行叶面喷肥防旱,可连喷2～3次。其方法是,每667平方米用磷酸二氢钾150克,加氨基酸150毫升,对水100～125升,进行喷雾。8月20日以后,要停止灌水和喷施肥料,保持田间湿润,以促进果蔗早熟和增糖。9月上旬时糖分较高,可砍收果蔗应市。11月底,选择健壮、无病虫蔗种,入窖贮藏。

第二节 "辣椒—晚稻—绿肥" 轮作栽培模式

早春大棚"辣椒—晚稻—绿肥（红花草）"种植模式，实现了水旱轮作、粮菜并举、培肥地力的栽培目的。由于早春辣椒上市时间早（4 月下旬始收）具有较高的经济效益，深受菜农的欢迎。如江西省永丰县，形成了这种栽培模式近 0.667 万公顷的技术生产规模。这是南方稻区一个良好的耕作模式。早辣椒定植棚可选用简易塑料中棚，易建易拆；也可采用钢架大棚或菱镁大棚，收取棚膜后栽植晚稻；晚稻生长后期再播种绿肥作物，为来年生产打下基础。

一、模式的栽培效果

（一）有利于减轻病虫害的发生

早辣椒与晚稻进行水旱轮作，有利于减轻病虫的发生和减少农药施用量。从第二章的表 2-4 中可知，模式栽培中的晚稻减少农药施用量的 60%。同时，由于水旱轮作，辣椒的病虫害基数大为减轻，克服了茄科作物不能连作的弊端，早辣椒之所以能在农区面积逐渐扩大，这也是关键原因之一。

（二）有利于提高土壤肥力和改良土壤理化性状

水旱轮作可改善土壤的团粒结构，提高土壤的通透性，因而可克服常年连作造成的土壤板结，使土壤肥力得到提高。从表 2-4 得知，该模式中化肥的施用量比常规双季稻中晚稻的施用量减少了 55.6%。

（三）有利于提高产量和效益

从表 2-4 中可以看出，模式中的晚稻比双季稻中的晚稻，每 667 平方米增产 154.7 千克,增产 38.1%。

二、模式的栽培技术要点

(一)辣椒栽培

早春大棚辣椒的栽培技术,可参照本书第四章中辣椒栽培的内容。

(二)晚稻栽培

栽培晚稻,应选择好晚稻品种。由于这种模式栽培的晚稻,其生长时间比双季稻晚稻的生长时间长一些。因此,应尽量选用中、晚熟优良品种,以利于获得高产。可供选择的品种包括金优 117、中优 838、中优 432(先农 20 号)、协优 432、金优桂 99 等。

栽培晚稻,要适时播种,培育壮秧。秧田要施足基肥,播种育秧期在 5 月底至 6 月上旬。稻种要先用强氯精消毒。播种要做到稀播、匀播,或用抛秧盘育秧。

要及时搞好整地、栽插与管理。6 月底至 7 月初早辣椒收园后,每 667 平方米施磷肥 50 千克,耕田时每 667 平方米再施尿素 5 千克,氯化钾 5 千克,然后整平田面,及时栽插晚稻。在管理中,要注意防治好螟虫和水稻纹枯病等。11 月上旬收获晚稻。

(三)绿肥作物种植

种植绿肥,可以有效地培肥地力。9 月中旬前后,晚稻齐穗勾头时,要及时播种红花,每 667 平方米播种 2 千克。或采用混播法,即每 667 平方米用红花草籽 1~1.5 千克,加入油菜籽 0.1~0.15 千克或肥田萝卜籽 0.2~0.25 千克,进行混合播种。晚稻收获后,用稻草覆盖红花。绿肥田要开好围沟、腰沟和畦沟。立冬前后,每 667 平方米施钙镁磷肥10~15 千克,草木灰 150～200 千克,促进绿肥作物生长茂盛,增加绿肥的产量。

第三节　"早春蔬菜—二晚育秧—秋延后蔬菜"栽培模式

进行"大棚早春蔬菜—二晚育秧—秋延后蔬菜"的轮作栽培,实行水旱轮作,具有减轻病虫害的发生,改良土壤理化性状,促进土壤养分平衡,达到优势互补的效果。同时,可使土地得到休整,收到较好的轮作效果。因此,这种栽培模式为广大农区菜农所采用。

一、轮作时间安排

早春大棚蔬菜在 6 月下旬至 7 月初收园后,及时清洁田园和灌水,进行二晚秧田整理。二晚育秧期约 30 天。起秧完毕,将秧田放水,使其自然落干后,进行施肥整地,整理好大棚,栽植秋延后蔬菜。如果不进行二晚育秧,也可在早春蔬菜收园后,在棚内灌水,浸泡土壤 30 天左右。有条件的可每 667 平方米施入石灰 40～50 千克,与土捣匀,然后保持水层 30 天左右。待自然落干后,在秋延后蔬菜定植前,进行菜田的施肥整地,从而实现菜田的水旱轮作。

二、轮作的主要方式

菜田水旱轮作主要有三种方式:①早辣椒等茄果类蔬菜—二晚育秧—秋延后瓜类蔬菜。②早瓜类—二晚育秧—秋延后辣椒等茄果类蔬菜。③早豆类—二晚育秧—秋延后辣椒等茄果类或瓜类蔬菜等。

三、轮作的技术要点

现以早辣椒—二晚育秧—秋延后蔬菜栽培模式为例,介绍菜田水旱轮作的技术要点。

早辣椒的栽培技术,参照第四章的内容进行。二晚育秧技术,同晚稻的常规育秧。秋延后蔬菜栽培,可选择辣椒、黄瓜、小西瓜、甜瓜等品种,进行栽培。

(一)选用优良品种

要选择适宜本地种植的高产优质抗病虫品种。其主栽优良品种为:①秋辣椒:金椒 3 号、江淮 1 号、宁椒 5 号、汴椒 1 号和丰椒 3 号等;②秋黄瓜:津春 4 号和津研 4 号等;③秋小西瓜:红小玉、小玉 5 号和小兰等;④秋甜瓜(香瓜):众天金帅、众天一品红、金蜜和蜜世界等。

(二)适时播种

夏、秋蔬菜要根据市场情况,适时播种,以提高产量和经济效益。秋蔬菜播种适期为:秋辣椒在 7 月中下旬;秋小西瓜在 7 月份至 8 月中旬;秋甜瓜在 7 月份至 8 月中旬;秋黄瓜在 7 月下旬至 9 月上旬。

(三)种子消毒

可采用温烫浸种和药剂浸种两种方法。具体操作过程见第三章有关内容。药剂浸种后,要用清水冲洗干净。瓜类用营养钵育苗。辣椒育苗,有条件的也可采用营养钵。

(四)加强田间管理

1. 合理定植 要根据不同品种,采用合理的栽植密度,以保持棚内良好的通风透光条件。辣椒一般的栽植密度为 2 500~2 800 株/667 平方米,黄瓜的栽植密度为 2 800~3 000 株/667 平方米,吊栽小西瓜(甜瓜)为 1 600~1 800

株/667平方米。

2. 及时降温保湿 夏、秋棚内温度达到32℃左右时,要及时遮阳降温。棚内较干时,要在下午5时后或早上9时前,及时灌跑马水,保证作物的正常生长。

3. 及时追肥 在保证施足基肥的前提下,要视作物需肥量及土壤肥力状况,及时追施提苗肥和结果(壮果)肥。提倡使用蔬菜生物有机肥。

4. 及时进行植株整理 植株整理,包括设立支架、吊蔓、打枝(叶)、摘心、疏果等措施,都要及时进行。要提高产品质量,就要搞好植株整理,对瓜类进行植株整理,尤其重要。

(五)防治病虫害

主要防治好蚜虫、病毒病和烟青虫等。除了使用农药进行防治外,还可利用防虫网覆盖及黄色板诱杀等方法,综合防治病虫害。

第四节 早蕹菜等叶菜一年五收高效栽培模式

江西省永丰县佐龙乡邓家村,利用菱镁大棚进行"早春蕹菜—2茬小白菜—2茬芹菜一年5茬"轮作栽培,取得了"一年五收"的好效益。早春蕹菜2月中旬播种,大棚覆盖栽培,4月中旬开始收获。6月中旬和8月中旬种植两茬小白菜,每茬约一个月时间。7月初异地播种早芹菜,8月下旬定植,9月下旬开始收获。然后,再种一茬晚芹菜,收获至翌年1月中下旬。全年共种五茬,每667平方米纯收入在9 500～12 000元。其主要栽培技术如下:

一、早春蕹菜

早春大棚蕹菜的栽培管理,参照本书第七章的内容进行。

二、夏季小白菜

(一)品种选择

夏季栽培小白菜,应选择耐热性强、品质优良的品种,如上海青、高脚白、上海四月蔓、抗热青 3 号和上海抗热 605 等。

(二)整地施肥

早春蕹菜收获后,结合翻耕,每 667 平方米土地施腐熟有机肥 1 500~2 000 千克,三元复合肥 25 千克,钙镁磷肥 50 千克。将耕翻好的土地,整平畦面,做成宽 1.7 米的畦,开好围沟和腰沟。

(三)适量播种

6 月上中旬和 7 月上中旬分期播种。每 667 平方米均匀撒种 0.5~0.7 千克。用四齿耙轻微翻土盖籽整平,再用 96％金都尔除草剂 40~60 毫升对水 50 升,喷洒畦面防草。然后在畦沟内灌水,使土壤湿润,进行大棚无滴膜、遮阳网覆盖栽培。

(四)田间管理

齐苗后 5~6 天进行间苗和定苗。间苗后追肥,每 667 平方米追施三元复合肥 5~6 千克。浇水,要掌握轻浇、勤浇的原则,而且宜在上午 8 时以前、下午 5 时以后进行,以防止烂菜。小白菜播种后 28~30 天,可以采收上市。夏季小白菜种植,要注意防治蚜虫、菜青虫和小菜蛾。

三、秋冬芹菜

(一)品种选择

种植秋冬芹菜,要选择前期耐热、耐高温,后期耐低温、耐弱光,而且生长迅速的品种,如本地芹菜、天津黄苗实芹和正大脆芹等。

(二)培育壮苗

一般7月初择地播种。为防止高温出苗慢和不整齐,通常在播种前先行浸种催芽。具体方法是,将种子用凉井水浸泡1天左右,用手轻轻揉搓种子后取出,放在18℃左右的阴凉环境中催芽。在此期间,每天用清水淘洗一次,3天后露芽时即可播种。播种时,先将苗床浇透水,再将催好芽的种子掺适量细砂土,均匀撒播于苗床上,然后盖上0.5厘米厚的过筛细砂土或培养土。苗床大棚覆盖无滴膜和遮阳网,防止雨水冲刷和避免阳光直射暴晒。整个育苗过程中,要注意保持土壤湿润,及时间拔弱苗、病苗、过密苗和杂株苗等。当苗高8～10厘米,具有4～5片真叶时,即可定植。

(三)定　植

第一茬秋旱芹菜,一般在8月下旬进行定植。定植前,每667平方米施入3 000～4 000千克腐熟有机肥,三元复合肥30～35千克,结合整地整细耙平。定植时大小苗分开定植,普通芹菜按行距16～20厘米、株距10～15厘米,每穴3～5株的规格定植;西芹按行株距20厘米×20厘米,每穴1～2株的规格定植。定植后浇一次透水定根。第一茬芹菜在9月下旬开始收获,收获完毕后,再接着种植第二茬芹菜,管理措施与前茬芹菜相同。

(四)管　理

活棵前每2～3天浇一次水,保持土壤湿润。活棵后结合中耕除草,追施0.5％的尿素或0.5％～1％的三元复合肥水。扣棚初期,要注意通风,防止温度过高,使棚内温度白天保持为15℃～20℃,夜间为15℃左右。天气变冷时,要加盖草帘。

生长盛期,要重施两次肥,每 667 平方米施三元复合肥 25 千克,并根据需要适当加大浇水量。温度过高、过低或土壤干燥时,可喷 2～3 次 0.1％硼酸或 1％的过磷酸钙浸出液,有利于芹菜生长,防止叶柄开裂与烂心。

第五节 "早春辣椒—夏西瓜—秋豌豆"高效栽培模式

将早春辣椒、夏西瓜和秋豌豆实行轮作栽培,进行提前或延后的反季节生产,使其产品在淡季上市,行情好,效益高,因而是一种高效的种植模式。

一、茬口安排

早春辣椒在 10 月下旬至 11 月上旬进行播种,大棚育苗,2 月中下旬用大、中棚定植,4 月下旬开始采收上市,7 月上旬收园;夏西瓜 6 月下旬用营养钵异地育苗,7 月中旬辣椒收园后及时定植西瓜,8 月下旬至 9 月上旬采收上市并收园;秋豌豆在 9 月中旬进行整地直播,10 月下旬开始采收上市,一直采收到 12 月下旬。

二、栽培要点

(一)早春辣椒栽培

早春辣椒栽培,可参照第四章相关内容进行。

(二)夏西瓜栽培

1. 品种选择 应选用耐热、耐贮运、商品性好的中果型或小果型(礼品西瓜)品种种植,如皖杂三号、金星二号、小兰和华晶五号等。

2. 栽培管理 采用爬地式栽培,每 667 平方米栽 500～600 株,双蔓式或三蔓式整枝。西瓜的其它栽培管理技术措施,可参照本书第五章中关于小西瓜的栽培技术进行。

(三)秋豌豆栽培

1. 施肥整地 西瓜收获后,及时进行施肥整地,精耕细耙,做到土壤细碎,畦面平整,以利于豌豆出苗,苗齐苗壮。

2. 选种、播种与管理 要选好品种,适期播种。可选用中豌 4 号或中豌 6 号两个品种种植,于 9 月初及时进行播种。适宜密植,以密取胜。每 667 平方米用种量可加大到 10～12 千克,行株距为 33 厘米×(10～13)厘米,每穴播 2～3 粒种子,盖种土厚 3～5 厘米。如果豌豆播种田块较干燥,可在下午灌半沟水,慢慢浸湿土壤,以利于豌豆出苗。豌豆的其它技术管理措施参见第六章第五节有关豌豆栽培的内容进行。